KB122027

400개의 수학 수수께끼를 풀고 여왕을 구출하라!

수학 여왕

제이든 구출작전

블라디미르 투마노프 지음 | 배수경 옮김 | 정소영 그림

지브레인

Original English title : Jayden's Rescue
Copyright © 2002 Vladimir Tumanov.
Korean translation copyright © 2007 by Gbrain
All rights reserved.
Published by arrangement with Scholastic Canada Ltd. through Shinwon Agency, Korea

이 책의 한국어판 저작권은 신원 에이전시를 통한
Scolastic Canada Ltd.와의 독점 계약으로 한국어 판권을 지브레인이 소유합니다.
저작권법에 의하여 한국 내에서 보호를 받는 저작물이므로 무단 전재와 복제를 금합니다.

수학여왕 제이든 구출 작전

© 블라디미르 투마노프, 2007

초　판 12쇄 발행일 2016년　6월 20일
개정판　4쇄 발행일 2024년 10월 18일

지은이　블라디미르 투마노프　옮긴이　배수경
그림　정소영
본문 디자인　지오커뮤니케이션즈
펴낸이　김지영　펴낸곳　지브레인Gbrain
제작·관리　김동영　마케팅　조명구

출판등록　2001년 7월 3일 제2005-000022호
주소　04021 서울시 마포구 월드컵로7길 88　2층
전화　(02)2648-7224　팩스　(02)2654-7696

ISBN　978-89-5979-559-8(03410)

• 책값은 뒤표지에 있습니다.
• 잘못된 책은 교환해 드립니다.

라리사, 알렉스, 바네사 그리고 카이라에게

제이든

수학을 좋아하는 이딜리아 왕국의 아름답고 현명한 여왕, 깊고 푸른 눈을 가져 에메랄드 여왕이라고도 불린다.

알렉스

수학을 끔찍이 싫어하는 주인공. 판타지 소설 읽기를 좋아해 엄청난 양의 책을 도서관에서 빌려 읽는다. 마법사가 되기를 꿈꾸는 평범한 범생이.

샘

과학에 관심이 많은 알렉스의 단짝 친구로 곤충, 바다, 엔진, 우주에 관한 책들을 좋아한다.

바네사

알렉스, 샘과 같은 학년으로 조용하고 침착한 곱슬머리 소녀.

레크너

제이든 여왕을 납치한 루구부리아의 국왕. 흑마술이 뛰어나며 성격이 매우 고약하다.

외눈박이 괴물

본래는 레크너의 부하로 지하 감옥을 지키는 임무를 띠고 있으나, 세 친구들이 위급할 때 마다 도움의 손길을 준다.

contents

알렉스는 연필을 집어 들고 자세히 살펴보았다.
보통 연필들보다 길고 두꺼웠으며 은색의 표면에
밝게 빛나는 파란색 숫자들이 씌어 있었다.
연필 끝에는 지우개 대신 성 모형 같은 것이 붙어 있었다.

Chapter 1

마법의 수학 연필

알렉스 아이작 포그가 자신의 손바닥 위에 살포시 내려앉는 눈송이들을 바라보고 있을 때, 갑자기 뭔가가 발 옆에 떨어졌다. 알렉스는 허리를 숙여 들여다보았다. 땅에 떨어진 것은 연필 한 자루였다. 그때 마치 누군가가 바로 자기 옆을 걸어가고 있는 것 같은 발자국 소리가 들려왔다. 그 소리는 점점 희미해졌다. 알렉스는 주변을 돌아보았지만 아무도 없었다. 발자국 소리는 더 이상 들려오지 않았다.

알렉스는 연필을 집어 들고 자세히 살펴보았다. 보통 연필보다는 길고 두꺼웠으며 은색의 표면에 밝게 빛나는 파란색 숫자들이 씌어 있었다. 연필 끝에는 지우개 대신 성 모형 같은 것이 붙어 있었다.

알렉스는 이 특이한 연필을 자기 필통에 넣었다. 조금 전에 들었던 발자국 소리가 떠오르면서 오싹 소름이 돋았다. 하지만 자세히 알아볼 시간이 없었다. 스쿨버스가 도착했기 때문이었다.

버스에 오른 알렉스는 가장 친한 친구인 샘의 옆자리에 털썩 앉았다. 알렉스와 같은 학년인 샘은 코헨 선생님의 반이었다. 두 사람은 스쿨버스에서 항상 같이 앉았다.

오늘은 월요일 아침이었고, 그러한 사실은 알렉스에게 단 한 가지만을 의미했다. 바로…… 수학 시험이 있는 날!

룬트 선생님은 "일주일을 새롭게 시작할 때는 뇌세포들을 깨워 줄 필요가 있단다."라는 말을 하기 좋아했다. 하지만 알렉스에게 그 말은 뇌세포들을 깨우는 것이 아니라 기절시키겠다는 말 쪽에 가까웠다. 수학 시험이 시작되면 알렉스의 뇌는 곧바로 멈춰서 "이제 답안지 내세요."라는 절대 피할 수 없는 말이 들려올 때까지 전혀 움직이지 않았다. 물론 알렉스가 제출하는 답안지는 결코 자랑스럽게 내놓을 만한 것이 못 되었다. 알렉스에게 기적이 일어나는 경우란 절대 없었다. 어쩌다 룬트 선생님이 50점이라도 주는 날은 상당히 운이 좋은 편에 속했다.

알렉스가 노력을 하지 않는 것은 아니었다. 오히려 공부를 잘하려고 최선을 다했다. 다른 과목들에서는 성적이 매우 좋았다. 특히 언어 과목에서 두각을 나타냈다. 알렉스가 쓴 에세이와 소설들은 학교 대회뿐만 아니라 시 대회에서도 상을 받았다. 알렉스는 책 읽기를 무척 좋아했다. 만약 알렉스가 보이지 않으면 가족들은 으레 그가 집안 구석 어딘가 아늑한 곳에서 책에 파묻혀 있을 거라고 생각했다. 알렉스가 제일 좋아하는 읽을거리는 판타지 소설이었다. 책장에 있는 책은 죄다 두세 번 이상 읽은 것들뿐이었다. 그래서 알렉스는 매달 엄청난 양의 책을 도서관에서 빌려와 쌓아 놓고 읽었다.

하지만 수학 공부를 하거나 수학 숙제를 할 때면 언제나 똑같은 일이 일어났다. 몇 분 동안 책에 적혀 있는 숫자들을 멍하니 바라보던 알렉스는 읽다가 밀어 둔 판타지 소설 쪽으로 슬그머니 다가갔다. 그리고는 마치 마법을 부린 것처럼 어느새 금방 다른 장소로 공간이동을 하여 마법의 주문을 외치며 성 주변에서 악한 마법사들과 싸우고 있는 것이다. 그러는 사이 어느덧 시계는 밤 열 시를 가리키고 잠자리에 들어야 할 시간이 된다.

'정말 유감스럽지만 수학 공부를 할 시간이 없네. 어쩔 수 없군. 내일 해야지.'

아, 그러면 바로 그 내일이 곧장 월요일 아침으로 변해 버렸다. 마법사들과 지하 감옥은 거짓말처럼 사라져 버리고 남은 것은 더하기와 빼기 부호로 이루어진 모래폭풍뿐이다. 알렉스의 머릿속 생각은 어젯밤 읽었던 책 속으로 표류한다. 그 책은 바로 자신이 마법사였다는 사실을 알아낸 한 소년에 대한 이야기였다.

알렉스는 자신이 마법사였으면 좋겠다고 생각했다. 그러면 룬트 선생님에게 마법을 걸어 수학 시험에 대한 기억을 사라지게 만들 수도 있을 텐데……. 그러나 현실 세계에서 알렉스는 마법사는커녕 마법사 제자의 제자도 되지 못했다. 그는 그저 평범한 학교에 다니는 평범한 아이에 불과했다.

'잠깐! 아주 평범한 것만은 아니네.'

알렉스는 샘의 옆구리를 쿡쿡 찌르면서 연필을 꺼내 보였다.

"내가 찾은 것 좀 봐."

샘의 눈이 휘둥그레졌다.

"굉장한데!"

샘은 한참동안 연필을 살펴보다가 알렉스에게 말했다.

"내 것이랑 바꿀래? 4가지 색깔이 나오는 펜을 줄게. 이 연필은 내가 갖고."

"안 돼. 이런 건 어디서도 구할 수 없는 거란 말이야."

알렉스는 누가 볼세라 연필을 필통에 도로 넣었다.

"오늘 수학 시험 볼 때 써야지. 행운을 가져다주는 연필일지도 몰라. 그럼 나도 그 덕을 좀 볼 수 있을 거야."

샘은 어깨를 으쓱하고는 창밖을 내다보았다.

잠깐 동안 알렉스는 샘에게 발자국 소리에 대해서 말할까 하고 생각하다가 마음을 바꿨다. 샘은 절대로 믿지 않을 것이다. 샘은 무엇이든 눈으로 확인하거나 증거가 있어야만 했다. 샘은 알렉스가 읽는 판타지 소설에 대해서도 어처구니없다는 식으로 이야기했다. 샘이 좋아하는 책은 모두 곤충, 엔진, 바다와 우주에 관한 것들뿐이었다.

"실제로 존재하는 것들이지."

샘은 늘 그런 식으로 말했다. 샘이 제일 잘하는 과목은 과학이었다.

학교에 도착하자마자 알렉스는 사물함에 코트를 벗어 놓고 책가방을 메고는 곧장 자기 반으로 향했다. 다른 아이들은 벌써 도착해서 떠들거나 괜스레 돌아다니며 시간을 보내고 있었다.

"재네들은 뭐가 그리 재미있을까?"

알렉스는 혼자서 투덜거렸다.

종소리가 울렸다. 그 소리는 불쾌할 정도로 날카로웠다. 알렉스는 덜컥 겁이 났다. 룬트 선생님은 평상시와 다름없이 침착한 목소리로 말했다.

"모두 자리에 앉아 주세요. 책은 모두 집어넣고 연필 한 개만 꺼내 놓도록. 시험지를 받으면 곧장 문제를 풀어도 좋아요."

그러고 나서 선생님은 시험지를 나누어 주었다. 알렉스는 필통을 열어서 새 연필을 꺼냈다. 다시 한 번 연필 끝에 달려 있는 작은 성과 파란색 숫자들을 들여다보았다. 시험을 앞둔 알렉스는 속이 메슥거렸다. 언제나 그랬던 것처럼 첫 번째 문제를 읽자마자 두려움이 엄습해 왔다.

> 개미 한 마리가 긴 나뭇가지의 한쪽 끝에 앉아 있다. 갑자기 이 개미는 나뭇가지 반대편 끝에 친구가 앉아 있는 것을 발견했다. 개미는 자기 친구를 찾아가기로 마음먹었다. 개미는 1초에 2cm를 움직이는 속력으로 걷기 시작했다. 이 개미가 친구에게 도착하기까지 7초가 걸렸다. 나뭇가지의 길이는 얼마일까?

알렉스는 어디서부터 문제를 풀어야 할지 몰랐지만, 그렇다고 아무것도 쓰지 않고 앉아만 있을 수는 없는 노릇이었다.

그런데 그의 새 연필이 시험지에 닿는 순간, 도저히 믿을 수 없는 일이 벌어졌다. 연필이 알렉스의 손을 끌어당기기 시작한 것이다. 두려움과 흥분이 반반씩 섞인 마음으로 알렉스는 저절로 움직이고 있는 자신의 손을 내려다보았다. 그 손은 더 이상 자신의 손이 아니었다. 알렉스가 그 사실을 미처 깨닫기도 전에 문제에 대한 답이 이미 씌어 있었다.

> 개미가 나뭇가지의 한쪽 끝에서 다른 쪽 끝으로 가는데 7초가 걸린다면, 이 7초에 1초당 이동한 거리인 2cm를 곱해야 한다.
>
> $7 \times 2 = 14$
>
> 따라서 나뭇가지의 길이는 14cm이다.

알렉스는 어리둥절 멍하니 있을 수밖에 없었다. 연필은 계속 움직이면서 문제를 차례차례 풀어 나갔다. 무슨 일이 일어나는지 보려고 알렉스는 잠시 다른 곳으로 눈길을 돌렸다. 그래도 연필은 저 혼자서 계속 답을 쓰고 있었다. 시험이 끝날 때까지 멈추지 않았다. 알렉스는 너무 두렵고 당황하고 흥분한 나머지 무릎을 덜덜 떨면서 일어나 답안지를 제출했다. 아이들의 시선이 일제히 알렉스에게로 향했다. 알렉스가 제일 먼저 답안지를 제출한 것이다!

반에서 수학을 제일 잘하는 로라가 다시 자리에 앉는 알렉스를 의심스러운 눈초리로 쳐다보더니 이내 비웃는 표정으로 바뀌었다. 알렉스는 로라가 무슨 생각을 하는지 너무나 잘 알고 있었다.

'문제를 다 풀 수가 없었을걸. 그냥 포기해 버린 게 틀림없어!'

로라와 마찬가지로 룬트 선생님 역시 의심스러운 얼굴로 알렉스가 급히 써낸 답안지를 들여다보았다. 하지만 순간, 룬트 선생님의 표정이 놀라움으로 변했다. 룬트 선생님은 고개를 들고 알렉스에게 환한 웃음을 지어 보였다.

점심시간에 알렉스는 샘이 앉아 있는 테이블로 달려갔다. 말보다는 생각이 먼저 튀어나왔다.

"증거가 있어, 증거가 있다니까! 그 연필은 마술이야, 마술. 왜냐하면……."

"도대체 무슨 말을 하는 거니? 무슨 연필 말이야?"

샘이 의아한 표정으로 물었다. 샘은 반쯤 먹다가 만 햄 샌드위치를 내려놓았다.

알렉스가 수학 시험에 대해 설명하는 동안 샘은 마치 재미없는 이야기를 억지로 들어 준다는 얼굴로 알렉스를 뚫어지게 쳐다보았다. 그러고 나서 빈정거리기 시작했다.

"그러니까, 그 연필이 너 대신 수학 문제를 죄다 풀어 주었다는 거야?"

샘은 알렉스의 말을 단 한 마디도 믿지 않는 것이 분명했다. 알렉스가 어떻게 해야 샘을 믿게 만들지 머릿속으로 방법을 찾는 동안 긴장된 침묵이 흘렀다. 갑자기 알렉스의 머리에 좋은 생각이 떠올랐다.

"저기 저쪽에 있는 누나들 보이지?"

알렉스는 근처에 있는 테이블을 가리키면서 말했다.

"따라와 봐. 내가 증거를 충분히 보여 줄 테니까. 증거가 너무 많아서 네 머릿속에 다 들어가지도 않을걸."

샘은 마지못한 듯 알렉스를 따라갔다.

상급학년 여학생들은 두 소년이 다가오자 대화를 멈추고 호기심 어린 표정으로 바라보았다. 숨을 크게 들이쉬고 목소리를 가다듬은 다음 알렉스가 불쑥 말했다. 샘은 알렉스와는 상관이 없다는 듯 멀찌감치 떨어져 있었다.

"누나들, 부탁이 있는데요. 혹시 수학책 좀 잠시 빌려 주실 수 있으세요?"

수학책을 갖고 있던 여학생이 재미있다는 듯 책을 건네주었다. 자기 테이블로 돌아간 알렉스와 샘은 책을 펴서 제일 어려워 보이는 문제를 찾았다. 수학을 꽤 잘하는 편인 샘조차도 풀기 어려운 문제였다.

트럭 한 대가 A마을을 떠나 시속 45km 속력으로 B마을을 향해 가고 있다. 또 한 대의 트럭이 B마을을 떠나 시속 54km의 속력으로 A마을을 향해 간다. 그리고 이 두 트럭은 20분 후에 만난다. A마을과 B마을 사이의 거리는 얼마일까?

알렉스는 그 신기한 연필과 종이 한 장을 꺼냈다. 샘이 보고 있는 가운데 연필이 재빨리 답을 쓰기 시작했다. 마치 알렉스가 답을 모두 외워서 줄줄 쓰고 있는 것처럼 보였다.

곧 정답이 나왔다.

1시간은 60분이다. 20분은 60분 안에 3번 들어가므로, 20분은 1시간의 $\frac{1}{3}$이다.

첫 번째 트럭이 얼마를 갔는지 알아내려면 45km의 $\frac{1}{3}$을 알아내야 한다.

즉, $45 \div 3 = 15$. 다시 말해서 첫 번째 트럭은 20분 후에 A마을에서 B마을로 가는 길의 15km를 간 것이다.

두 번째 트럭도 같은 방법을 사용한다. $54 \div 3 = 18$. 두 번째 트럭은 20분 후에 18km를 갔다.

그러므로 첫 번째 트럭이 A마을로부터 B마을로 가는 길의 15km 되는 지점에 있고, 두 번째 트럭이 B마을로부터 A마을로 가는 길의 18km 되는 지점에 있을 때 두 트럭은 만나게 된다.

이제 이 두 거리를 더하면, $15 + 18 = 33$.

따라서 두 마을은 서로 33km 떨어져 있다.

알렉스는 샘을 보기도 전에 이미 샘의 표정이 어떨지 정확히 알고 있었다. 샘의 얼굴은 알렉스가 쥐고 있는 종이보다 더 창백했다. 완전히 당황한 샘은 처음에는 해답이 적혀 있는 종이를, 다음에는 알렉스를 번갈아 보았다. 그러고 나서 샘은 알렉스가 들고 있는 연필을 낚아채 수학책에 있는 다른 문제를 골랐다. 그리고 연필이 자신의 손을 끌어당기며 종이 위를 빠른 속도로 돌아다니는 것을 보았다. 이윽고 어느 누구도 알려주지 않은 완벽한 답이 종이 위에 씌어 있었다.

긴 침묵이 흘렀다. 마침내 샘이 쉰 목소리로 말했다.

"소름 끼쳐……. 무섭다!"

"무서울 게 뭐가 있어? 내가 읽는 판타지 소설에서 이런 일쯤은 아무것도 아냐."

우쭐거리며 알렉스가 말했지만, 사실은 그도 오소소 소름이 돋는 것을 어쩔 수가 없었다.

"네 말을 믿어 주지 않아서 미안해."

샘이 말하고는 재빨리 덧붙였다.

"이 일은 우리끼리만 알고 있는 게 좋을 것 같아. 만약 학교에서 누군가가 이 일에 대해 알게 된다면……."

샘이 채 말을 끝맺기도 전에 주저하는 듯한 목소리가 뒤에서 들려왔다.

"나도 좀 써 봐도 되니? 절대 아무한테도 말 안 한다고 약속할게."

알렉스는 책장에서 그 낯선 책을 꺼내 자세히 살펴보았다.
책의 앞표지 윗부분에는 은색으로 빛나는 성이 그려져 있었다.
성 아래쪽에 나무로 된 문이 약간 열려 있고 문 안쪽에서는
희미한 불빛이 새어나오고 있었다. 꽤 잘 그린 그림이었다.
제목은 《제이든 구출작전》이었다. 알렉스는 호기심이 생겼다.

Chapter 2

삼총사의 비밀

알렉스와 샘은 천천히 뒤를 돌아보았다. 그들 바로 뒤에 바네사가 서 있었다. 바네사는 알렉스와 샘이랑 같은 학년이었지만 그다지 이야기를 해 본 적이 없었다. 알렉스는 평소 바네사와 친하게 지내지 못한 것이 못내 아쉬웠다. 바네사는 알렉스가 알고 있는 학교 아이들 중에 가장 착했다. 바네사는 다른 아이들이 어떤 말을 하든, 무슨 행동을 하든 항상 부드러운 미소를 보여 주었다. 바로 지금 미소를 짓고 있는 것처럼. 알렉스는 자기도 모르게 미소를 지었다.

"너희 둘은 비밀 지키는 법을 잘 모르는구나?"

바네사가 계속해서 말했다. 얼굴 가득 호기심이 드러나고 있었지만, 바네사는 침착하게 행동하려고 무던히도 애쓰는 것 같았다.

"남들이 듣지 못하게 하려면 다음부터는 조금 더 목소리를 낮추는 게 좋을 거야."

"그래서…… 우리가 하는 이야기를 다 들었단 말이니?"

샘이 말하고 나서 알렉스와 비밀스러운 시선을 주고받았다.

"거의 다 들었지만 절대 아무에게도 말 안 하겠다고 맹세할게. 그러니까 나도 좀 써 보면 안 될까?"

바네사는 자신의 곱슬머리를 귀 뒤로 넘기고는 주저하면서 손바닥을 내밀었다.

알렉스는 대단한 결심이라도 하는 것처럼 크게 숨을 내쉬고는 연필을 바네사의 손에 올려놓았다.

"좋아, 너도 해 봐. 그렇지만 네가 이 일을 아는 마지막 사람이야. 맹세해!"

"입 꼭 다물고 있을게. 가슴의 십자가를 걸고 맹세해."

바네사는 작은 메모장을 급히 꺼내면서 낮게 말했다.

바네사는 수학책에서 아주 어려워 보이는 문제를 골랐고, 연필은 곧장 행동에 들어갔다.

"와!"

바네사가 자기도 모르게 소리를 질렀다. 흥분한 바네사의 눈이 빛을 발하고 있었다.

"조금 더 해 보자!"

샘과 바네사는 알렉스가 그만 하라고 할 때까지 번갈아 가면서 계속 문제를 풀었다.

"애들아, 너희들이 알아야 할 게 한 가지 있어."

알렉스가 매우 심각한 말투로 말했다.

"버스 정류장에서 이 연필을 발견했을 때 누군가의 발자국 소리를 들었거든……. 그런데 거기에는 아무도 없었어."

잠깐 동안 침묵이 흘렀다. 하지만 곧 바네사가 밝은 목소리로 말했다.

"뭐 어때?"

바네사는 너무 흥분한 탓에 자리에 붙어 있지를 못했다.

"어디서 왔던지 간에 이건 정말 환상적인 연필이야."

"그 발자국 소리는 틀림없이 네 상상 속에서 나온 거야."

이번에는 샘이 말했다. "중요한 것은 이제 이 연필이 우리 차지라는 거야. 우리가 이걸로 무엇을 할 수 있을지 상상이 되니?"

며칠 후에 룬트 선생님이 지난번에 본 수학 시험지를 돌려주었다.

"로라 엘리자베스 지, 르네 끌로드 데카르트……."

룬트 선생님은 학생들의 이름을 생략하지 않고 완전한 이름으로 불렀다. 그래서 아침에 출석을 부를 때면 정말로 끝이 없었다.

"……알렉스 아이작 포그……."

이름이 불리자 알렉스는 자신 있는 걸음걸이로 선생님의 책상에 다가갔다.

"잘했구나, 알렉스!"

룬트 선생님이 크게 칭찬했다.

"네가 재능이 있다는 건 진즉부터 알고 있었단다. 계속 그대로 밀고 나가렴."

자리로 돌아와서 알렉스는 자신의 점수를 보았다. 알렉스의 얼굴이 빛이 날 정도로 환하게 밝아졌다.

'100점!'

개미는 14cm 길이의 나뭇가지 끝으로 갈 수 있었으며, 다른 문제에 대한 답들도 모두 정답이었다.

이것은 시작에 불과했다. 이 마술 연필만 있으면 알렉스는 이제 공포의 월요일과는 영원히 안녕이다.

세 친구는 곧 최고로 재미있는 시간을 보내게 되었다. 그들은 도서관에 가서 그때까지 나온 가장 어려운 수학책을 빌려서는 마술 연필에게 풀게 했다. 알렉스와 샘, 바네사는 자기들 눈앞에서 놀라운 해답이 만들어지는 과정을 지켜보느라 시간이 어떻게 가는지도 모를 지경이었다.

어느 월요일 아침, 알렉스는 연필 길이가 무척 짧아졌다는 사실을 알게 되었다. 아무리 마술을 부리는 연필이라고 해도 깎기는 해야 했기 때문이다. 연필의 길이는 벌써 원래 길이의 3분의 2 정도 줄어 있었다.

알렉스는 어쩔 줄을 몰랐다. 샘과 바네사에게는 이 연필이 훌륭한 장난감일 뿐이었다. 하지만 알렉스에게는 단순히 갖고 놀기만 하는 물건이 절대 아니었다. 알렉스는 수학 숙제를 하거나 시험 문제를 풀 때 전적으로 이 연필에 의지하고 있었기 때문에 적어도 학기말까지는 연필이 계속 필요했다. 수학 성적을 계속해서 좋게 유지한다면 알렉스가 오랫동안 보내 달라고 졸라 왔던 와콘다 캠프에 보내 주겠다고 부모님이 약속했기 때문이다. 하지만 이 상태로 나간다면 연필은 한 달 이상 버티지 못할 것이다.

연필을 혼자서만 쓰는 것이 이기적인 행동인 건 잘 알지만 알렉스로서는 어쩔 수가 없었다. 어쨌거나 이 연필의 주인은 알렉스 자신이 아닌가. 애초에 연필을 발견한 것도 샘이나 바네사가 아니잖아! 알렉스는 친구들에게 말하기로 마음먹었다.

다음 날 아침, 버스 안에서 친구들과 함께 앉은 알렉스는 더 이상 마술 연필을 갖고 놀지 말자는 말을 하려고 입을 열었다. 그런데 완전히 다른 말이 알렉스의 입에서 튀어나왔다.

"마술 연필을 잃어버렸어."

이런! 거짓말을 할 생각은 아니었는데! 그렇지만 돌이키기엔 너무 늦었고……. 어쩌면 이게 최상일지도 모른다. 잃어버렸다고 하면 감정 상할 일도 없을 것이다.

샘은 무척 실망했다.

"장난하는 거 아냐? 정말로 잃어버린 거야?"

"호주머니, 책가방, 책상 속 모두 찾아보았는데……."

알렉스는 차마 샘의 얼굴을 보지 못하고 바닥으로 시선을 돌리면서 말했다. "미안해."

"어쨌든 그 연필이 영원할 것은 아니었잖아."

바네사가 평소와 다름없이 쾌활한 목소리로 말했다.

"조만간에 닳아서 없어져 버렸을 거야."

바네사는 조금도 실망하는 것 같지 않았다. 하지만 샘은 달랐다.

"우리가 갖고 있는 것 중에 그 연필이 제일 좋았는데."

샘의 목소리는 여전히 불만과 실망이 가득했다. 그런데 알렉스가 발끈해서 떨리는 목소리로 말했다.

"우리라고? 그건 내 연필이었어. 내가 발견했다고!"

한순간 침묵이 흘렀다.

"그래. 그리고 이제 넌 그걸 잃어버렸다고 말하고 있는 거지? 그렇지?"

샘이 알렉스의 눈을 똑바로 쳐다보면서 말했다. 그러고 나서 샘은 창밖으로 고개를 돌렸다. 버스가 학교 주차장에 멈췄을 때 샘은 제일 먼저 내려 버렸다.

이후로 알렉스는 일주일 내내 학교에서 멍한 상태로 지냈다. 심지어는 바네사와 같이 다니는 것조차 피했다. 친구들에게 거짓말을 한 것이 정말로 부끄러웠다. 주말 동안 알렉스는 친구들에게 사실을 말하고 사과하겠다고 마음먹었다. 더 이상 고통 받기는 싫었다. 오는 월요일 점심시간이 좋을 것 같았다.

월요일 아침, 알렉스는 사물함을 열고 항상 마술 연필을 넣어 두는 비밀장소를 뒤졌다. 그런데…… 연필이 없었다!

충격을 받은 알렉스는 사물함 구석구석을 모두 뒤져 보았다. 사물함에 있던 옷들, 도시락 가방, 심지어는 체육 가방까지 모두 꺼내 탈탈 털어 보았지만 연필은 어디에도 보이지 않았다.

알렉스는 그날 수학시험에 최선을 다했다. 하지만 마술 연필 없이는 수학 시험을 잘 볼 수가 없었다. 성적이 떨어질 게 당연했다.

알렉스는 점심시간에 친구들에게 사과하려던 계획을 포기했다. 너무 우울해서 어느 누구하고도 이야기하고 싶지 않았다.

집에 돌아온 알렉스는 저녁밥에도 거의 손을 대지 않고 머리가 아프다고 핑계를 대고는 자기 방으로 올라가 문을 닫아걸었다. 불과 일주일 사이에 친구들에게 끔찍한 행동을 했을 뿐만 아니라 마술 연필마저 잃어버렸다. 다음에는 도대체 어떤 일이 벌어질까?

알렉스는 책장으로 다가갔다. 정신없이 몰두하며 읽을 책이 그 어느 때보다도 필요했다. 나니아 연대기? 아니면 공주와 도깨비? 음…… 아니면 엑스칼리버? 네버엔딩 스토리?

선뜻 결정하지 못하고 고민하던 알렉스는 갑자기 자신의 책장에서 무언가 이상한 점을 발견했다. 전에 한 번도 본 적이 없는 책이 거기 꽂혀 있는 것이었다. 어떻게 이럴 수가 있지? 그는 자기 책들을 속속들이 알고 있었다. 책장에 있는 책들은 모두 한 번 이상 읽은 것들이었다.

'도서관에서 빌려 놓고 깜빡 잊은 모양이야.'

그런데 그게 아니었다. 도서관의 분류표가 붙어 있지 않았다.

알렉스는 책장에서 그 낯선 책을 꺼내 자세히 살펴보았다. 책의 앞표지 윗부분에는 은색으로 빛나는 성이 그려져 있었다. 성 아래쪽에 나무로 된 문이 약간 열려 있고 문 안쪽에서는 희미한 불빛이 새어나오고 있었다. 꽤 잘 그린 그림이었다. 제목은 《제이든 구출작전》이었다. 알렉스는 호기심이 동했다.

그런데 이상하게도 알렉스는 예전에 그 책을 본 것만 같은 느낌이 들었다. 어쩌면 전에 읽은 책의 같은 작가가 쓴 건지도 몰라. 하지만 책의 어디에도 작가의 이름은 없었다. 거참, 이상하네!

알렉스가 첫 장을 넘기는 순간 오싹한 냉기가 그의 등줄기를 타고 흘러 내렸다.

여왕 폐하를 깨우기 위해 여왕의 침실에 들어간
시녀는 자신의 눈앞에 벌어진 광경에 소스라치게 놀랐다.
가구들이 뒤집혀져 있었으며, 유리창은 부서졌고,
책들은 카펫 위 여기저기에 어지럽게 흩어져 있었다.
에메랄드 여왕의 침대는 텅 비어 있었다.
화장대 위 벽에는 다음과 같은 글씨가 휘갈겨져 있었다.

Chapter 3

납치된 에메랄드 여왕

옛날에 '이딜리아'라고 하는 아주 행복하고 잘사는 왕국이 있었다. 이딜리아는 제이든이라는 이름의 젊은 여왕이 다스렸다. 여왕은 키가 크고 우아했으며, 길고 붉은 머리칼과 깊은 녹색의 눈을 가지고 있었다. 제이든은 자신의 독특한 눈 색깔과 잘 어울리는 녹색 옷을 즐겨 입었기 때문에 '에메랄드 여왕'이라는 이름으로도 불렸다. 이 이름은 제이든의 외모를 나타내는 동시에, 그녀가 나무 우거진 숲과 푸른 언덕들, 거대한 삼나무들과 풀이 풍성한 초원으로 유명한 녹색 왕국 이딜리아의 여왕임을 나타내기도 했다.

에메랄드 여왕은 아름다운 미모뿐만 아니라 현명한 성품과 공정한 통치로도 가히 전설에 남을 만큼 훌륭한 사람이었다. 다른 나라의 군주들은 왕국과 백성들을 자신의 소유물로 생각했기에 주인으로 행세하며 나라를 다스렸다. 그러나 제이든은 중요한 결정을 내릴 때 항상 백성들의 행복을 먼저 생각했다.

제이든의 부모님은 그녀가 아직 어렸을 때 세상을 떠나고 말았다. 이런 이유로 제이든과 그녀의 여동생 키라는 왕실의 충실한 신하들과 하인들의 보살핌을 받으며 자랐다. 아주 어릴 때부터 자매는 여러 스승들로부터 지상에 알려진 모든 학문과 예술에 대해서 가르침을 받았다. 제이든과 키라가 성인이 되었을 무렵에는 그들이 실질적으로 알아야 할 모든 것, 아니 그 이상의 것들까지 깨우치게 되었다.

제이든의 통치 아래 궁전뿐만 아니라 왕국 전역에서 학문이 번성하고 창의적인 예술작품들이 수없이 많이 탄생한 것은 결코 놀라운 일이 아니었다. 높은 산들의 봉우리에는 별과 행성의 움직임을 관찰하기 위한 천문대들이 세워졌다. 화가들과 건축가들은 자신들의 작품으로 공공장소와 광장을 풍성하게 만들었다. 모든 마을과 도시에서는 시낭송을 위해 특별히 만들어진 전용 극장에서 시인들이 자신들의 시를 낭송했다. 극장에서는 관객들이 연령대와 취향에 맞는 연극들을 얼마든지 무료로 볼 수 있었다. 여왕은 매년 최고의 작품으로 뽑힌 연극에 친히 상을 내렸으며, 1년 중 낮이 가장 긴 6월의 하짓날 밤 왕궁 뜰에서는 그 해 최고로 뽑힌 연극 공연이 펼쳐졌다.

에메랄드 여왕은 이딜리아 전역에 학교를 세워 모든 어린이들이 배움의 기회를 가질 수 있도록 했다. 학교의 선생님은 가장 존경받는 직업이었으며, 제이든은 수백 명의 선생님들에게 높은 봉급을 주었다. 교육에 대한 제이든의 관심은 여기서 그치지 않았다. 그녀 자신이 바로 존경받는 선생님이기도 했던 것이다.

제이든의 성에서 어린이들은 언제나 환영받는 존재들이었다. 그녀는 어린이들에게 과학과 역사, 목공과 지리, 음악과 조각을 가르쳤다. 위대한 여왕이 관심을 갖지 않은 학문은 없었지만, 그중에서도 그녀가 무엇보다 좋아하는 학문은 바로 수학이었다. 왕국의 어느 누구도 수준 높은 기하학적 정의나 대수 방정식을 여왕보다 더 잘 풀지는 못했다. 제이든의 왕국에서 가장 뛰어난 수학자들도 어려운 문제에 부딪혀 꼼짝 못할 때면 어김없이 여왕을 만나기 위해 왕궁에 나타나고는 했다.

제이든은 틈틈이 책을 지었고, 여동생인 키라는 정성스럽게 책 속의 삽화를 그렸다. 젊은이, 노인 할 것 없이 모두 제이든의 책을 읽었으며, 그녀의 책들은 이딜리아뿐 아니라 다른 나라에서도 명성을 얻었다. 어떤 책들은 흥미진진한 이야기들로 가득 차 있었고, 또 다른 책들은 식물과 동물에 대한 연구가 담겨 있었으며, 기계들의 작동에 관한 놀라운 탐구가 적혀 있는 책들도 있었다.

제이든은 이웃 왕국들과 갈등이 생겼을 때에도 문제를 잘 해결했다. 과거에는 때때로 이딜리아를 둘러싸고 전쟁이 벌어지고는 했다. 그러나 제이든이 왕위에 오른 후부터는 어느 누구도 그녀의 영토를 위협하지 않았다. 제이든은 다른 나라들이 이딜리아에 대한 권리를 주장할 때면 이를 현명하게 뿌리치는 외교적 재능까지 갖추고 있었다.

매년 제이든은 이웃 나라와의 평화적인 관계를 유지하기 위해 인접 국가의 왕들을 초대하여 성대한 연회를 열었다. 왕들은 수행원들과 함께 이딜리아에 와서 여러 날 동안 잔치를 즐기면서 즐거운 시간을 보냈다. 시원한 물줄기가 솟아오르는 분수와 달콤한 향기를 내뿜는 꽃다발로 장식된 커다란 연회장에서는 아름다운 음악과 우아한 무용수들이 손님들을 즐겁게 해 주곤 했다.

에메랄드 여왕의 초대를 받은 손님들은 식탁을 풍성하게 채운 음식과 음료의 맛에 할 말을 잊었다. 그래서 이웃 나라 왕들은 각자의 시종들을 왕실의 요리사에게 보내 조리 비법에 대해 묻고는 했다. 이렇듯 성대한 대접을 받은 후에는 어떤 왕도 그와 같은 즐거움을 선사한 매력적인 여왕을 해치거나 그녀의 아름다운 영토를 침범하려는 생각을 하지 않았다.

평소와 다름없이 즐거운 연회가 벌어지고 있던 어느 날이었다. 낯선 왕이 사납고 무섭게 생긴 시종들에게 둘러싸인 채 나타났다. 그의 이름은 레크너였으며, 루구브리아라는 왕국의 통치자였다. 최근까지만 해도 루구브리아 왕국은 레크

너의 형인 네스터가 다스렸다. 그런데 몇 달 전 네스터는 불가사의한 사건으로 죽고, 곧 레크너는 자신이 루구브리아의 왕이 되었노라고 선포했다.

다른 나라의 왕들은 레크너에 대해서 알고는 있었지만, 그를 실제로 본 사람은 아직까지 아무도 없었다. 그의 대관식은 외부에 공개되지 않았으며, 인접한 나라에서 그를 초대해도 언제나 돌아오는 답변은 '참석할 수 없음'이었다.

루구브리아의 백성들이 고통을 받고 있다는 소문이 돌기도 했으나 확실한 것은 아무것도 없었다. 사실 새로운 왕이나 여왕이 즉위할 때마다 그러한 소문이 돌기는 했지만 사실로 증명된 경우는 거의 없었다. 어쩌면 이 새로운 왕도 그런 종류의 뜬소문에 시달리고 있는 건지도 몰랐다. 그래서 레크너 왕 일행이 제이든의 연회장으로 들어서자 여기저기서 속닥거리는 소리가 잔잔한 물결처럼 사람들 사이로 퍼져 나갔다.

연회는 언제나처럼 성대하게 진행되었다. 오리고기 설탕절임과 블랙베리가 들어간 야채샐러드, 카레로 무친 나물을 곁들인 구운 꿩 요리가 나왔고, 시계풀 열매와 체리, 포도를 얹은 캐러멜 아이스크림이 설탕에 버무린 젤리 모양의 터키 과자로 만든 그릇에 담겨서 나왔다. 손님들은 하나같이 이 훌륭한 음식들에 매료되었다.

여흥 시간에는 평소에 출연하던 마술사들과 곡예사들 외에 숫자의 달인이라고 불리는 수학 천재 한 사람이 나와 즉석에서 손님들이 낸 곱셈이나 나눗셈 문제를 풀면서 손님들을 즐겁게 해 주었다. 연회장의 손님들 중 누군가가 "34,589,087 곱하기 345,688!"이라고 외치면 숫자의 달인이 곧장 큰 소리로 정답을 말하는 묘기였다.

그날 저녁의 연회가 거의 끝나 갈 무렵, 그동안 잠잠하던 레크너 왕이 갑자기 자리에서 일어났다. 그는 붉은색 와인잔을 들고 목소리를 가다듬은 뒤 굉장한 자신감을 보이면서 우레 같은 목소리로 소리치기 시작했다. 그의 목소리가 얼마나 컸던지 한 마디 한 마디 할 때마다 연회장의 창문이 덜컥거릴 정도였다.

아름다우신 여왕님,
당신과 당신의 빛나는 눈동자에 제 잔을 바칩니다.
저는 당신과 함께 춤을 추고 저녁식사를 하기 위해 왔습니다.
그리고 또한 이 건배로써 당신에게
우리의 손과 마음을 합칠 것을 제안합니다.
어느 누구도 감히 우리 두 나라가 합치는 것에 반대하지 못할 것입니다.

모두들 이야기를 멈추었다. 초대된 손님들은 일제히 제이든을 바라보았다.

레크너의 말을 들은 에메랄드 여왕은 깊은 생각에 잠긴 채 자기 내면의 목소리에 귀를 기울이는 것처럼 보였다. 그러고 나서 그녀는 자리에서 일어나 손님들에게 미소를 보낸 뒤 레크너 왕에게로 시선을 돌렸다.

오, 위대한 왕이시여. 말씀을 정말 잘하시는군요.

저는 폐하의 말씀이 순수하다고 믿습니다.

하오나,

폐하께서도 잘 알고 계시듯이 결혼은 까다로운 문제지요.

우리는 예전에 만난 적도 없는데

폐하께서 제 마음을 달라고 하시고,

또 그와 함께 제가 다스리는 영토 전체를 달라고 하시는군요.

이것이 아마 우리 우정의 시작인가 봅니다.

지금으로서는 그저 폐하의 손을 잡겠습니다.

제이든 여왕의 영리하고도 능숙한 말솜씨에 여기저기서 박수갈채가 터져 나왔다. 그러나 단순한 우정의 악수로 만족할 마음이 전혀 없는 레크너 왕이 와인 잔을 바닥에 던져 박살 내는 순간, 박수갈채는 멈추었다. 놀라서 말문이 막힌 채 서 있는 사람들을 쏘아보는 레크너의 얼굴은 분노로 일그러져 있었다. 그리고 그는 한 마디 말도 하지 않고 질풍처럼 연회장을 빠져나갔다. 그의 수행원들이 뒤를 따랐다. 최고의 연회가 되었을 자리가 불안하게 끝나고 말았으며, 많은 손님들은 이 일로 인해 앞으로 좋지 않은 일이 생길 거라고 예언했다.

그들의 예언은 빗나가지 않았다.

시간은 흘렀고, 제이든은 계속해서 어린이들을 가르쳤고, 책을 썼으며, 이딜리아를 다스려 나갔다. 그녀는 그날 이후로 레크너의 소식을 전혀 듣지 못했으며, 다음 번 연회를 계획할 무렵에는 그에 대한 일을 거의 잊어버렸다.

어느 날 아침, 궁전에서는 먼 외국에서 이딜리아를 방문하는 사절단을 맞을 준비가 한창이었다. 여왕 폐하를 깨우기 위해 여왕의 침실에 들어간 시녀는 자신의 눈앞에 벌어진 광경에 소스라치게 놀랐다. 가구들이 뒤집혀져 있었으며, 유리창은 부서졌고, 책들은 카펫 위 여기저기에 어지럽게 흩어져 있었다. 에메랄드 여왕의 침대는 텅 비어 있었다. 화장대 위 벽에는 다음과 같은 글씨가 휘갈겨져 있었다.

그녀는 나의 청혼을 거절했다. 그것은 결코 현명한 행동이 아니었다.
이제 나는 내가 원하던 것을 얻었다. 불만 있는가?
그녀를 구하기는 매우 어렵다고 미리 말하는 바이다. 이미 다 끝났다.
제이든은 영원히 사라진 것이다.

레크너는 자신이 원하는 것은 반드시 얻는다.

이제야 이해가 되는가?

루구브리아의 왕, 레크너

성 전체가 혼란에 빠졌다. 곧 제이든의 여동생 키라에게 보고되었고, 장관회의가 열렸으며, 이딜리아 군대의 장군들이 소환되었다. 이딜리아 군대가 행동을 개시할 시간이었다.

이딜리아로서는 가슴 아픈 날이었다. 수천 명의 무장 병사들이 왕국의 길을 따라 행진해 와서 성 주변에 집결하였으며 선명한 깃발들 아래 각 연대로 나뉘어 배치되었다. 학교들은 문을 닫았고, 어린이들은 밖으로 나와 번쩍이는 무기들과 튼튼한 군마들이 만들어내는 위압적인 장관을 구경하고 있었다.

마침내 전면전 태세를 갖춘 군대는 깃발을 휘날리고 트럼펫을 울리면서 루구브리아를 향해 떠났다. 그러나 국경을 넘었는데도 루구브리아로부터 아무런 제지의 움직임이 없는데 적잖이 놀랐다. 이딜리아의 전사들은 칼 한 번 뽑아들지 않고 화살 한 번 쏘지 않은 채 여러 날을 진군했다.

그러나 레크너는 만반의 준비를 갖추고 있었다. 아직 이딜리아인들은 모르고 있었지만, 레크너는 평범한 왕이 절대로 아니었다. 그는 흑마술에 조예가 깊었다. 그의 성은 책으로 가득 차 있었지만 그것들은 결코 제이든이 다스리는 왕국의 도서관들에서 볼 수 있는 그런 종류의 책이 아니었다. 레크너의 책들은 선박 건조나 천문학, 아름다운 이야기를 들려주지 않았다. 대신 주문과 마법, 독약 제조법, 점성술, 음침한 비밀로 가득했다.

이딜리아군은 레크너의 성채에 다가갈수록 기묘한 장애물에 부딪혔다. 그것은 적군이 아니라 두께와 높이가 수미터가 넘는 거대한 불의 장벽이었다. 탁탁 소리를 내며 뜨겁게 타오르는 불길은 아무것도 태울 것이 없는 길에서 시작되고 있었으며 마치 주변의 공기만으로 타오르는 것처럼 보였다. 이렇게 놀라운 장면을 어느 누구도 전에 본 적이 없었다.

이딜리아의 장군들은 군사들에게 대기 명령을 내렸다. 모든 불은 결국에는 꺼지게 되어 있지 않은가. 그러나 몇 시간을 기다려도 불길은 전혀 약해지지가 않았다. 물을 길어 와 불길을 잡으려고 하면 오히려 불길은 더욱 거세게 날뛰며 제이든을 구하기 위해 달려온 사람들을 삼켜 버리려고 했다. 여왕을 구하겠다는 결심이 확고했던 군대는 수일 동안 그곳에서 갖은 노력을 기울였지만 모든 것이 수포로 돌아갈 뿐이었다.

결국 식량은 떨어지고 불길이 잡힐 조짐은 조금도 보이지 않았다. 이딜리아군은 패배를 받아들일 수밖에 없었다. 그들은 불길의 장벽 앞에 쳐 두었던 막사를 걷고 어쩔 수 없이 실의에 빠진 채 자신들의 왕국을 향해 발걸음을 돌렸다.

병사들이 돌아오자 모든 이딜리아 사람들이 그 불의 벽에 대해 듣게 되었다. 백성들은 에메랄드 여왕을 영영 잃었다는 사실을 받아들여야만 했다. 이딜리아 사람들은 현실적인 사람들이었다. 삶은 계속되어야 했고, 왕국은 새로운 통치자를 필요로 했다.

곧 키라가 대관식을 치르고 왕위에 올랐다. 무거운 마음으로 제이든의 통치를 훌륭하게 계승하겠다고 결심한 키라는 언니가 했던 모든 것을 그대로 유지했다. 이전처럼 기쁨과 행복이 넘치지는 않았지만, 어쨌든 학교는 다시 아이들을 받아들였다. 과학자들과 예술가들은 작업에 몰두하느라 바빴고, 극장에서는 낭랑한 시인들의 목소리가 울려 퍼졌다.

제이든은 어떻게 되었을까?

제이든은 레크너의 괴상하고 불길하게 생긴 성 안에 갇혀 있었다. 이 성은 레크너의 형이 세상을 떠난 직후 짓기 시작하여 4주일이라는 짧은 기간에 완성되었다. 레크너의 건축 기술이 뛰어나다는 데에는 의심의 여지가 없었다. 그런데 이상하게도 성을 짓는 일에 참가했던 모든 사람들은 마지막 벽돌에 회반죽을 붙이자마자 모두 자취를 감추었다.

레크너의 성에는 은으로 만든 12개의 탑이 있었다. 그들 중 몇 개는 구름에 닿을 정도로 높이 솟아 있었다. 끝도 없이 줄줄이 늘어서 있는 거대하지만 텅 빈 홀들이 왕실의 숙소로

쓰였다. 벽에는 창문이 거의 없었다. 레크너가 불빛을 좋아하지 않기 때문이었다. 그래서 성은 항상 어두침침했고, 시종들은 마치 유령처럼 이 방에서 저 방으로 발걸음 소리도 내지 않고 돌아다녔다. 그들은 각각의 탑 아래쪽 내부에 있는 비좁고 후미진 장소에서 웅크리고 지냈다. 그들은 약간의 소음에도 몸을 부르르 떨었다. 어느 누구도 성 주인의 부름을 받는 것을 좋아하지 않았다. 레크너의 기분을 거스르는 자는 극도로 잔인한 형벌에 시달려야 했다.

땅 밑에는 400개의 방이 있는 지하 감옥이 있었다. 각 방들은 다음 방으로 계속 연결되어 있었다. 레크너는 제이든을 가장 깊은 감방에 가두라고 명령했다. 그 방은 땅으로부터 너무나 멀리 떨어져 있어서 그 안에 갇힌 사람에게는 마치 외부 세계가 전혀 존재하지 않는 것처럼 보였다. 그 방을 비추는 불빛이라고는 오직 천장에 달린 약한 석유램프에서 나오는 것뿐이었다. 천장에는 온통 박쥐들이 거꾸로 매달려 있었고, 바닥에는 지네와 쥐들이 기어 다녔다.

몸을 묶고 있던 줄이 풀리고 눈가리개가 벗겨지자마자 제이든은 차가운 돌바닥에 쓰러졌다. 기진맥진하고 공포에 질린 제이든은 자신을 붙잡아 온 사람에게 어떠한 자비도 기대하지 않았다. 그녀는 이딜리아를 걱정했으며, 제발 자기를 구하기 위해 시간 낭비할 사람이 없기를 바랐다. 그녀는 레크너가 어느 누구도 자신을 구할 수 없게끔 온갖 장치를 해 두었을 것이라고 짐작했다. 그리고 그녀의 생각은 대부분 옳았다.

몇 분 후 제이든은 방을 둘러보았다. 그녀의 눈이 방 안의 어둠에 익숙해지자 널빤지로 만든 두 개의 문이 보였다. 하나는 그녀 앞에, 다른 하나는 그녀의 뒤에 있었다. 앞쪽에 있는 문은 약간 열려 있었고, 그 너머로부터 희미한 빛이 들어오고 있었다.

어디선가 열쇠를 돌려서 자물통을 여는 소리가 들려왔다. 뒤쪽에 있는 문이 아주 천천히 열리기 시작했다. 사람의 모습을 한 거대한 형상이 입구에 서 있었다. 제이든은 즉시 그 형상이 레크너 왕의 것이라는 사실을 알아차렸다.

마법사인 레크너 왕은 제이든 쪽으로 두 걸음 다가온 뒤 멈춰 서서 자신의 죄수에게 고개 숙여 인사했다. 그러고 나서 그는 마치 노래하는 듯한 목소리로 말하기 시작했다.

레크너의 지하 감옥에 당신은 갇혔네.
이 지하 감옥에는 모두 사백 개의 방이 있다네.
나의 성은 너무나 크고,
반대로 당신은 너무 작지.
당신에게는 두 갈래의 길이 열려 있네.

두 개의 매우 다른 길.

하나는 나와 당장 결혼하는 길이고,

그러면 당신은 좀 더 즐겁게 지낼 수 있다네.

또 다른 하나는 당신의 시간을 쓸 가치가 거의 없는 길.

너무나 황량하고, 위험하고 또 어려운 길이라네.

당신이 추구하는 것을 결코 찾을 수 없는 길.

감옥을 나가려면 당신은 각각의 방을 가로질러야 한다네.

참으로 안됐구나, 불쌍한 아가씨여!

각 방의 문마다 괴물이 하나씩 지켜 서서

자기가 낸 수수께끼를 풀지 못하면

당신이 지나가지 못하게 한다네.

이 수수께끼들은 바로 당신의 뇌를 비틀기 위한 것.

당신은 그 부담 때문에 죽고 말 거라네!

해답은 반드시 종이에 써서

내 부하인 괴물들에게 건네주어야 한다네.

이게 바로 내 지하 감옥이 돌아가는 방식.

레크너 왕이 규칙을 만들었네.

그러나 내 친구여,

만약 당신이 그 빛을 보고 마음을 바꾸고 싶다면

내 마음, 내 왕좌, 내 왕관이 바로 당신 것이오.

난 당신에게 매우 친절하게 대할 것이오.

그제야 제이든은 그 방의 구석에 종이가 가득 쌓여 있는 것을 알아차렸다. 그 위에는 연필도 몇 자루 놓여 있었다. 수수께끼를 푸는 건 그녀가 가장 좋아하는 놀이였다. 다행히도 레크너는 그러한 사실을 모르고 있는 것이 분명했다. 만일 왕이 진실을 말하고 있다면 방이 사백 개, 아니 사천 개가 있다고 하더라도 그녀는 여기서 탈출하는 방법을 찾기 위해 최선을 다할 것이다.

제이든은 마법사 레크너 왕에게 혐오스러운 눈길을 보내는 것으로 자신의 선택을 명확하게 했다. 레크너는 어깨를 으쓱하고는 돌아서서 제이든을 힐끗 뒤돌아보고는 문을 닫아걸고 나가 버렸다.

제이든은 곧장 종이가 쌓여 있는 구석으로 달려가서 연필 두세 자루와 종이 한 뭉치를 집어 들었다. 시간을 낭비할 여유가 없었다. 그녀는 약간 열려 있는 앞쪽 문으로 향했다. 열린 문틈으로 불빛은 무서움을 불러일으키면서도 동시에 유혹적이었다. 하지만 이 문이 그녀에게 열려 있는 유일한 길이었다. 그녀는 당당하게 걸어가서 문의 손잡이를 잡아당겼다.

제이든은 자기 앞에 펼쳐진 광경에 전율을 느꼈다. 다음 방으로 이어지는 길이 거대한 외눈박이 괴물에 의해 막혀 있었던 것이다. 그 괴물의 온몸은 자주색이었으며, 머리통은 긴 초록색 털로 덮여 있었다. 그의 두 발에는 발가락이 각각 열 개씩, 두 손에는 손가락이 각각 열 개씩 달려 있었다. 그 놈은 끝에 거대한 다이아몬드같이 생긴 뭔가가 달린 커다란 철퇴를 들고 있었다.

제이든은 잠시 동안 두 눈을 꼭 감았다가 다시 떴다. 두려운 마음에 아주 잠깐 다시 돌아갈까 하는 생각이 들었지만, 그녀는 마음을 굳게 먹었다. 잠시 침묵이 흐른 뒤 우렁찬 외눈박이 괴물의 목소리가 귀청을 뒤흔들었다. 마치 천둥이 울리는 것 같았다.

나에게는 9명의 아들이 있는데
모두 외눈박이 괴물들이지.
나는 이 녀석들이 장난감을 갖고 놀 때면
너무나 사랑스러워서 눈을 뗄 수가 없다네.
어느 날 세눈박이 괴물 하나가
자기 아들들을 데리고 놀러 왔다네.
이 손님들은 모두 툭 튀어나온
눈을 3개씩 갖고 있었네.
오, 모두 모이니 정말 엄청나게 눈이 많았지.
우리 모든 괴물들이 가진 눈을 합하면
정확히 40개라네.
그러면 눈이 3개 달린 아이들은 몇 명이 있었을까?
숫자는 절대로 거짓말을 하지 않지.

제이든의 앞길은 새의 다리를 가진 곰같이 생긴 괴물이 가로막고 있었다.
괴물은 한쪽 다리를 마치 플라맹고가 서 있는 것처럼 허공에 들고 있었다.
목에는 메달이 달린 무거운 금 사슬 목걸이를 걸고 있었다.

Chapter 4

제이든을 위한 비밀구조대

알렉스는 마침내 그 페이지의 제일 마지막 부분에 이르렀고 거기에는 다음과 같은 설명이 적혀 있었다.

제이든이 이 문제를 풀도록 도와준 다음 이 페이지를 넘기십시오.

"난 이런 수학 문제 못 푸는데……."

알렉스는 혼잣말을 했다.

이 모험 이야기의 나머지 부분이 너무나 궁금해진 알렉스는 문제를 풀지 않고 그 페이지를 넘기려고 했다. 하지만 페이지가 넘어가지 않았다. 아무리 그 페이지를 잡아당겨도 그 페이지는 다음 장에 딱 달라붙어서 떨어지지가 않았다. 그뿐만이 아니라 그 책의 남은 부분 전체가 서로 단단히 붙어 있었다. 알렉스가 책을 흔들어도 보고 거꾸로 넘겨보기도 하고 심지어는 입김으로 불기까지 했지만 아무런 소용이 없었다.

그만 지쳐 버린 알렉스는 그 책을 자기 책상 위에 던져 버렸다.

'도대체 뭘로 붙인 거지? 아니면 나머지 전체가 원래 한 통

인데 여러 페이지가 붙어 있는 것처럼 보이도록 속임수를 쓴 건가? 마술용품 가게에서 파는 그런 거?'

알렉스는 생각을 하다가 웃음을 터뜨렸다.

"마술이라고?"

그는 흥분을 느끼면서 숨을 들이마셨다.

"마술이라……."

알렉스는 천천히 손을 뻗어 다시 책을 집어 들었다. 그럴 수도 있을까? 얼마 전 바로 자기 손에 마술 연필이 있지 않았다면 알렉스는 절대로 마술을 믿지 않았을 것이다. 마술 연필!

"지금 그 마술 연필을 갖고 있다면 그걸 다 써서라도 제이든을 구할 수 있을 텐데."

그 연필 없이는 400개의 문제는 고사하고 외눈박이 괴물이 낸 첫 번째 수수께끼조차도 풀 수가 없었다. 그 마술 연필이 없다면 알렉스는 아무짝에도 쓸모가 없었다. 제이든의 운명도 끝장인 것이다.

알렉스는 그 무시무시한 외눈박이 괴물 쪽으로 향하고 있는 제이든의 그림을 자세히 살펴보았다. 에메랄드 여왕을 돕지 못하게 된 것이 너무 아쉬웠다. 만약 최선을 다해서 수수께끼를 푼다면 어떻게 될까? 알렉스는 손해 볼 것이 없었고, 남은 저녁 시간 내내 달리 할 일도 없었다. 그래서 알렉스는 종이 한 묶음과 지우개가 달린 평범한 연필 한 자루를 꺼내 들었다.

20분 뒤, 책상 주변 바닥에는 문제를 풀다 구겨 버린 종이들이 어지럽게 흩어져 있었다. 알렉스는 지금 막 마라톤 경기를 마친 것만큼이나 지쳐 있었다. 하지만 별로 만족스럽지 못했다. 그는 책 속의 그림을 우울한 마음으로 바라보았다. 알렉스의 시선이 각각 열 개씩의 손가락과 발가락이 달려 있는 괴물의 두 손과 두 발에 머물렀다. 만약에 숫자를 셀 수 있는 손가락과 발가락이 이 괴물처럼 많다면 수학이 훨씬 쉬울 텐데……. 40개의 손가락, 발가락이라…….

'수수께끼 속 괴물들의 눈을 모두 합친 숫자랑 같네!'

별 생각 없이 알렉스는 끝에 다이아몬드가 달린 철퇴를 들고 있는 괴물의 손가락 숫자를 빼 보았다.

'40－10'

그 숫자들이 그의 머릿속에서 마치 네온 불빛처럼 번쩍였고, 그는 갑자기 어디서부터 문제를 풀기 시작해야 하는지 알아냈다. 그는 새 종이에 다음과 같이 써 내려갔다.

모두 40개의 눈이 있다. 손님들의 눈이 모두 몇 개인가를 알아내려면 주인 가족이 가진 눈의 수를 40에서 빼야 한다.
주인 가족은 눈이 1개인 아빠와 눈이 1개인 아들 아홉으로 되어 있으니까, 주인 가족의 눈은 모두 10개이다. 그러므로
40－10＝30.

손님들의 눈은 모두 30개다. 손님들은 각각 눈이 3개씩이므로 30을 3으로 나누어야 한다.

30÷3=10

손님은 모두 10명이 왔다. 그들 중에 1명은 눈이 3개 달린 아빠 괴물이다. 그러므로 아이들의 숫자는 10−1=9. 눈이 3개인 아이들은 모두 9명이다.

답을 다 쓴 다음 알렉스는 다시 페이지를 넘겨보았다. 그런데 이게 웬일인가! 정말로 페이지가 넘어가는 것이 아닌가!

알렉스는 종이 한 장을 외눈박이 괴물 보초에게 건네주고 있는 제이든의 그림을 보았다. 그 괴물 뒤에 있는 문이 열려 있었다. 알렉스는 도저히 흥분을 감출 수가 없었다. 그가 해낸 것이다. 그것도 완전히 혼자의 힘으로!

제이든의 손에 들려 있는 종이를 다시 한 번 자세히 살펴본 알렉스는 머리카락 끝이 쭈뼛 서는 것처럼 소름이 돋았다. 제이든의 종이에는 알렉스의 답과 똑같은 답이 씌어 있었을 뿐만 아니라, 종이 자체가 알렉스의 것을 그대로 복사해 놓은 것 같았다. 똑같은 말, 똑같은 필체, 똑같은 배치. 심지어는 알렉스가 답을 쓴 종이의 오른쪽 귀퉁이에 있는 얼룩까지도 제이든이 들고 있는 종이의 같은 위치에 나타나 있었다.

'놀라워!'

알렉스는 이 믿을 수 없는 사건에 대한 실마리라도 찾는 듯 자신의 침실 안을 둘러보았다. 그러나 보이는 것은 침대와 옷장, 책장뿐 달라진 것은 아무것도 없었다. 어디에도 마술의 흔적 같은 것은 보이지 않았다. 알렉스는 혼자였으며, 자신이 살고 있는 현실 세계와 연결되어 있는, 지은이도 알 수 없는 어떤 신비로운 책의 다음 페이지를 들여다보는 중이었다.

이 모든 것을 어떻게 설명해야 할지 알 수 없었지만, 알렉스는 단 한 가지만큼은 분명하다는 사실을 깨달았다. 레크너가 제이든에게 강요하고 있는 결혼을 막을 힘이 자신에게 있다는 것을……. 에메랄드 여왕이 아름다운 성과 그녀가 남겨 놓고 온 모든 것을 읽은 알렉스는 제이든이 평생 동안 레크너의 암흑세계에서 살아야 한다는 사실을 도저히 참을 수가 없었다.

알렉스가 이 모든 일에 대해 곰곰 생각하고 있을 때 갑자기 방문을 두드리는 소리와 엄마의 목소리가 들려왔다.

"알렉스! 그만 불 끄고 자야지. 이 꼭 닦고."

다음 날 학교에서 알렉스는 샘에게 말을 붙이려고 애썼다. 알렉스는 얼마 전에 있었던 일에 대해 자신이 얼마나 미안해하고 있는지 꼭 샘에게 이야기하고 싶었다. 하지만 무엇보다도 그 책에 대해서 알려 주고 싶었다. 알렉스는 샘이 《제이든 구출작전》에 대해서 알게 되면 곧바로 자기를 용서해 줄 것이라고 믿었다.

하지만 여전히 샘은 알렉스를 피했다. 한번은 분수대 옆에서 우연히 마주쳤는데, 샘은 알렉스를 재빨리 지나쳐 버렸다.

다행히도 아직 바네사가 있었다. 점심시간에 알렉스는 이해심 많은 친구 바네사를 찾아냈다. 바네사는 알렉스가 책에서 읽은 내용과 이후에 벌어진 마술 같은 일에 대해서 설명하는 동안 진지하게 귀를 기울여 주었다.

"그러면 이딜리아 병사들은 왜 소방대원 복장을 입고 불길을 뚫고 나아가지 않았을까?"

바네사는 금세 이야기에 빠져 들었다.

"아니면 투석기를 이용해서 병사들을 한 명씩 한 명씩 날려 보내면 불길을 넘어갈 수 있었을지도 모르는데……."

"그랬을 수도 있겠지."

알렉스가 대꾸했다.

"하지만 중요한 건 그게 아냐. 중요한 건 내가 이 이야기 속의 일부라는 사실이고 너 역시도 이 이야기 속에 들어갈 수 있다는 거야. 같이 하면 문제를 모두 풀 수 있는 확률이 훨씬 높잖아."

"정말이야? 그럼 오늘 저녁에 너희 집에 가도 돼?"

두 사람은 재빨리 계획을 짰다.

그날 저녁 디저트 접시를 치운 후 알렉스는 자기 방으로 날아가다시피 했다.

그가 숙제를 끝내자마자 현관 벨이 울렸다. 계단을 올라가면서 비밀스런 시선을 교환한 알렉스와 바네사는 곧바로 알렉스의 책장으로 향했다.

책의 표지를 본 바네사가 놀라서 외쳤다.

"어쩜! 너 왜 이 은색 성이 네 마술 연필 끝에 달려 있던 성과 모양이 똑같다는 말을 안 했니?"

그제야 알렉스도 표지를 들여다보고는 말했다.

"아하, 그래서 어젯밤에 그렇게 낯이 익었던 거구나!"

알렉스는 바네사가 이딜리아의 여왕 제이든이 레크너의 지하 감옥에 갇힐 때까지의 이야기를 읽는 동안 참을성 있게 기다렸다. 그러고 나서 자기가 푼 첫 번째 수수께끼의 답과 제이든이 들고 있는 답을 보여 주었다.

"똑같네! 놀라워……."

바네사는 불가사의한 일이 자기 앞에 펼쳐지는 동안 한시도 입을 다물지 못했다.

이제는 레크너의 지하 감옥에 있는 두 번째 방으로 곧장 나아가야 할 차례였다. 제이든의 앞길은 새의 다리를 가진 곰같이 생긴 괴물이 가로막고 있었다. 괴물은 한쪽 다리를 마치 플라맹고가 서 있는 것처럼 허공에 들고 있었다. 목에는 메달이 달린 무거운 금 사슬 목걸이를 걸고 있었다. 그 괴물이 낸 수수께끼는 다음과 같았다.

나는 부드럽고 즙이 많은 딸기를 먹어. 바로 내가 제일 좋아하는 음식이지.
지금 내 몸무게는 500kg이라는 걸 기억해 둬.
나는 방금 저녁식사를 끝냈지. 딸기가 얼마나 맛있던지!
그런데 너무 많이 먹었나 봐. 내가 욕심이 좀 많거든.
저녁 먹기 전의 나는 좀 더 날씬하고 가벼웠는데…….
450kg밖에 안 나갔거든. 정말이야. 맹세할게!
그 맛있는 딸기 한 알은 10g이야. 그 이상도 그 이하도 아니지.
이제 내가 먹어치운 딸기의 숫자를 계산해 봐.
정확해야 해. 짐작만으로는 절대 안 된다고!

"네가 먼저 시작해, 바네사."

알렉스가 바네사에게 연필 한 자루를 건네주며 말했다.

"어디 보자……."

바네사는 책에 나와 있는 수수께끼를 다시 한 번 유심히 들여다보았다.

"이 괴물은 저녁을 먹기 전에 450kg이었는데 나중에 500kg이 되었어. 그러니까 딸기를 50kg 먹어치웠다는 거지. 그런데 딸기의 무게는 그램(g)으로 주어졌어. 먼저 우리는 1킬로그램(kg)이 몇 그램인지 알아야 해."

"그걸 어떻게 알아내지?"

알렉스가 걱정스러운 표정으로 물었다.

바네사는 책가방을 열고 조그만 플라스틱 카드를 꺼내서 책상 위에 놓았다.

"이게 도량형 환산표야. 세상에서 제일 편리한 물건이지."

바네사가 설명했다.

"이걸 보면 1미터(m)가 몇 센티미터(cm)인지, 1킬로그램이 몇 그램인지 등등을 알 수 있거든. 엄마가 주셨는데, 나는 이걸 항상 책가방 속에 갖고 다녀."

"근사한데!"

알렉스가 바네사의 카드를 자세히 살펴보면서 감탄사를 터뜨렸다.

"어디 보자…… 그러니까 1kg은 1,000g이네. 50 곱하기 1,000은……."

알렉스는 머릿속으로 계산을 하며 눈살을 찌푸렸다.

"……50,000?"

"맞아!"

바네사가 고개를 끄덕이며 대꾸했다.

"이제 우리는 50,000g이 되려면 딸기가 몇 개 필요한지를 알아야 돼. 딸기 한 개가 10g 나간다니까 우리는 그냥 50,000g을 10으로 나누면 될 것 같은데. 그러면 5,000이 나와."

"그 녀석이 딸기를 5,000개나 먹은 거잖아!"

알렉스가 소리쳤다.

"과식했다고 하더니, 절대 과장한 게 아니었어."

알렉스는 페이지를 넘기려고 손을 뻗었다.

"잠깐만!"

바네사가 말했다.

"해 보고 싶은 게 있어."

바네사는 알렉스와 함께 쓴 답안지 밑에 막대기 사람을 하나 그려 넣고 나서 책 속의 페이지를 넘겼다.

"와!"

알렉스와 바네사는 동시에 소리를 질렀다.

제이든이 새의 다리를 가진 곰에게 건네주고 있는 종이에도 바네사가 그린 것과 똑같은 막대기 사람이 그려져 있었다. 알렉스와 바네사는 서로의 얼굴을 쳐다보며 한동안 말을 잇지 못했다. 그 다음 두 아이는 깔깔 웃으면서 하이-파이브를 하고 다시 레크너의 성으로 돌아갔다. 둘은 바네사가 집으로 돌아가야 할 시간이 될 때까지 쉬지 않고 문제를 풀었다.

알렉스와 바네사는 그 주 내내 매일 밤 모여서 방을 한 칸씩 나아갔다. 흥분이 점점 고조되는 만큼 걱정 역시 커졌다. 제이든이 자유의 몸이 되느냐 아니냐는 오로지 알렉스와 바네사 자신들에게 달려 있었고, 그 일은 두 아이가 짊어지기에는 너무 큰 책임이었다.

"어쩌면 너희 엄마나 아빠, 아니면 룬트 선생님한테 말해야 할지도 몰라."

바네사가 약간 풀 죽은 목소리로 말했다.

"바네사, 이런 대화를 한번 상상해 봐. '엄마, 아빠, 저한테 수수께끼를 풀지 못하면 페이지를 넘길 수 없는 책이 한 권 있는데요…….' 나는 부모님이 뭐라고 하실지 잘 알고 있어. '알렉스, 너 또 도서관에서 판타지 소설을 빌려 왔구나? 재미있겠다. 그런데 숙제는 다 했니?' 그게 아니라면 부모님께 직접 이 책을 보여 드릴 수도 있겠지. 그렇게 되면 우리는 더 이상 이 책을 갖고 있을 수 없을 거야."

알렉스는 쉬지 않고 계속 말을 이었다.

"아마 실험 가운을 입은 사람들이 이 책을 멀리 떨어진 곳으로 가져가서 잘라 버릴지도 몰라. 그러면 우리는 이 책을 다시는 볼 수 없을 뿐만 아니라 제이든도 끝장이야."

일요일 저녁이었고, 알렉스가 마술 연필을 잃어버린 뒤 두 번째로 수학 시험을 치르기 전날이었다. 지난 주 알렉스가 시험을 완전히 망친 바람에 룬트 선생님과 부모님은 깜짝 놀랐다. 그렇지만 어른들은 곧 누구에게나 운이 나쁜 날이 있기 마련이라고 결론을 내렸고, 다음 시험을 잘 치른다면 아직 와콘다 캠프에 갈 수 있는 가능성은 얼마든지 남아 있었다. 그래서 알렉스는 바네사가 오기 전에 수업 시간에 필기 한 내용을 복습했다. 예전보다 수학이 머리에 잘 들어오기는 했지만, 그래도 불안한 건 마찬가지였다.

"안녕, 알렉스."

언제나처럼 활기차 보이는 바네사가 알렉스의 방으로 들어오면서 말했다.

"준비됐니?"

"그럼. 바로 시작하자."

알렉스가 대답하면서 책을 펼쳤다.

제이든이 가는 길은 머리가 다섯 달린 괴물이 가로막고 있었다. 다섯 개의 얼굴은 각각 다른 표정을 짓고 있었다. 하나는 눈살을 찌푸리고 있었고, 다른 하나는 놀란 표정을 지었으며, 세 번째 얼굴은 미소를 짓고 있었다. 네 번째 머리는 졸려 보였다. 심각한 표정을 짓고 있는 다섯 번째 얼굴이 말했다.

내 머리들은 하나같이 머리숱이 많아서 빗질을 잘해 줘야 하는데
머리 빗을 시간을 내기가 쉽지 않거든.
그래서 내가 머리 한 개씩 빗을 때마다
우리 엄마는 나에게 10센트짜리 동전을 1개씩 주신단다.
각 머리는 모두 차례차례로 빗겨 주어야 해.

쓸데없이 끼어들고 있는 구조대원들, 조심하라!
감히 할 수 있다면 계속 수수께끼를 풀어봐라.
얼마나 고귀한 일인가! 얼마나 대담한 일인가!
너희들의 영웅적인 행동은 내 마음을 싸늘하게 만든다.
내 여기에 경고하는 바이니 제이든은 내 것이다.
그게 바로 레크너의 결론이다.
R

항상 첫 번째, 두 번째, 세 번째, 네 번째, 다섯 번째 순서로 말이지.
우리 엄마는 질서야말로 훌륭한 괴물들이 추구해야 할 으뜸이라고 하시거든.
나는 자랑스럽게도 지금까지 아주 정직하게 12달러를 벌었단다.
그러면 내가 나의 덥수룩한 머리들을 각각 몇 번씩 빗겨 주었을지 맞춰 보렴.

"12달러에 10센트짜리 동전이 몇 개 들어가는 거야?"
바네사가 물었다.
"10센트짜리 동전 10개가 모이면 1달러가 돼. 10에다 12를 곱하면 120."
알렉스가 깊이 생각해 보지도 않고 말했다. 돈에 대해서만큼은 자신 있었다.
"이제 이 합계를 괴물이 갖고 있는 머리 개수로 나누자."
바네사가 말했다. 그녀는 연필을 끼적여 계산을 해 보더니 말을 이었다.
"120 나누기 5는 24야."
"그러면 각 머리를 24번씩 빗겨 주었다는 거네."
알렉스가 말했다.
"식은 죽 먹기잖아!"
내일 시험이 그다지 두렵지 않았다. 알렉스와 바네사는 페이지를 넘겼고, 언제나처럼 제이든의 답은 두 사람의 것과 똑같았다. 그들은 50번째 수수께끼까지 쉬지 않고 계속 풀었다.

"알렉스, 내 생각에 너는 내일 시험을 잘 볼 것 같아."

바네사가 알렉스의 방을 나가면서 자신 있게 말했다.

알렉스는 그저 어깨를 으쓱하고 손을 흔들어 작별 인사를 했다. 알렉스의 마음은 월요일에 있을 수학 시험이 아니라 제이든을 다음 방으로 전진시키는 것에 가 있었다.

잠잘 준비를 하기 전에 알렉스는 책상으로 갔다. 책은 몇 분 전에 그들이 멈췄던 그 페이지에 정확히 열려 있었다. 책을 덮어서 다시 책장에 꽂으려는데 갑자기 뭔가 이상한 것이 그의 눈길을 끌었다. 지금 제이든이 있는 방의 벽에 뭔가가 새겨진 판이 하나 있었다. 그것은 조각칼로 돌에 직접 새겨 넣은 것처럼 보였다. 조금 전에 봤을 때는 분명 없었던 것이었다. 뭔가 수상한 일이 벌어지고 있었다!

쓸데없이 끼어들고 있는 구조대원들, 조심하라!

감히 할 수 있다면 계속 수수께끼를 풀어 봐라.

얼마나 고귀한 일인가! 얼마나 대담한 일인가!

너희들의 영웅적인 행동은 내 마음을 싸늘하게 만든다.

내 여기에 경고하는 바이니 제이든은 내 것이다.

그게 바로 레크너의 결론이다.

R.

상황은 보기보다 심각했다. 레크너 왕이 알렉스와 바네사가 제이든을 돕고 있는 사실을 알아차린 것이다. 그리고 그는 제이든이 지하 감옥을 빠져나갈 수 없을 것이라고 확신하고 있는 것 같았다.

알렉스는 그 글을 다시 읽어 보았다. 그는 그 글 속에 더욱 위협적인 다른 메시지가 숨겨져 있는 듯한 느낌을 받았다. 레크너가 제이든에게 무슨 일을 저지르는 건 아닐까? 혹은 알렉스와 바네사에게?

바보 같은 생각이라고 스스로를 질책하면서 알렉스는 책을 내려놓았다. 레크너는 책 속의 인물이고 자신과 바네사는 현실 세계에서 안전하게 살고 있었다. 만약 지금 상황에서 누군가가 위험에 빠진다면 그것은 제이든이었다. 한 가지는 분명했다. 제이든은 무슨 일이 있어도 계속 움직여야 했다. 이제 조금 빨리 서둘러야 할 것 같았다.

잠들기 직전에 알렉스는 샘을 생각했다.

이제 세 번째 구조대원을 데려올 때가 된 것이다.

알렉스와 바네사가 마법의 책이 어떤 식으로 진행되는지
설명하는 동안 점심시간이 거의 끝나가고 있었다.
알렉스와 바네사는 조급한 마음에 샘에게 레크너의
협박에 대해서도 들려주었다.
하지만 샘은 그에 대해서 조금도 놀라지 않는 것 같았다.
정말 샘은 마술 연필에 대해서 까맣게 잊어버린 걸까?

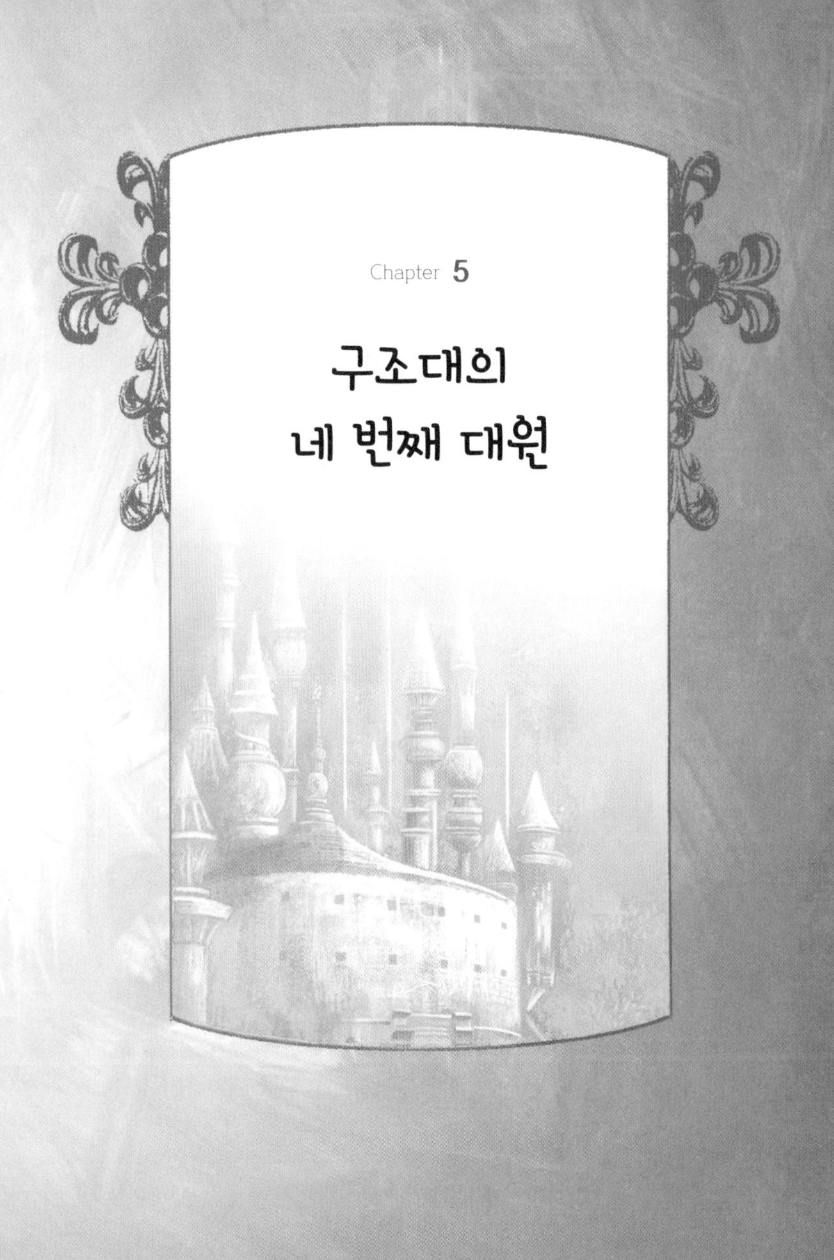

Chapter 5

구조대의 네 번째 대원

다음날 아침, 버스에 탄 알렉스는 바네사의 옆자리에 앉자마자 이야기를 시작했다. 마지막으로 문제를 풀었던 방의 벽에 새겨져 있던 레크너의 협박에 대한 이야기를 끝내자 바네사는 고개를 절레절레 흔들었다.

"어쩐지 너무 순조롭다 했어."

바네사가 말했다.

"네가 보기엔 레크너가 무슨 짓을 할 것 같니?"

"모르겠어. 하지만 그게 뭐든지 간에 우리는 단단히 대비를 해 둬야 해."

"있잖아…… 나는 샘이 동참해 준다면 훨씬 마음이 든든해질 것 같아."

"그래, 우린 다른 누군가의 도움을 받지 않으면 안 돼. 샘은 똑똑하니까, 큰 힘이 될 거야."

"내가 어젯밤에 생각한 게 바로 그거야. 그렇지만 샘은 아직도 나한테 화가 안 풀린 것 같아."

"내가 샘한테 말해 볼까?"

바네사가 물었다.

"아냐, 바네사. 이건 샘과 나 사이의 문제야. 내가 이따가 샘한테 말할게."

제이든과 레크너, 샘에 대해 고민하느라 알렉스는 월요일 아침마다 느끼던 수학 시험에 대한 공포를 잊고 있었다. 하지만 교실에 들어서서 각 책상마다 시험지가 놓여 있는 것을 보자 절로 한숨이 나왔다. 알렉스는 레크너와 수학 시험 중에서 어떤 것이 더 무서운 건지 판단할 수가 없었다.

아이들이 모두 책상에 앉자 룬트 선생님이 시험을 시작하라고 지시했다. 그런데 알렉스는 첫 번째 문제를 보고는 놀라서 소리를 지를 뻔했다. 그는 주위를 둘러보았다. 룬트 선생님은 교실 뒤쪽에서 어항 속 물고기에게 밥을 주고 있었고, 다른 아이들은 모두 열심히 문제를 풀고 있었다. 평상시와 다름없는 월요일 아침 풍경이었다.

알렉스는 눈을 감고 비벼 보았다. 그리고 몇 차례 심호흡을 한 뒤 머릿속에서 《제이든 구출작전》과 관련된 모든 기억을 지워 버리려고 애썼다. 그렇지만 눈을 뜨고 다시 시험지를 들여다보았을 때에도 첫 번째 문제는 그대로였다.

너의 심장은 용감하고 너의 정신은 강하다.

그리고 제이든은 너에게 의지하고 있다.

아무리 레크너 왕이 협박을 한다 해도 제이든의 자유를 위한 노력은 계속되어야 한다.

그녀는 이미 50개의 방을 지나왔지만 아직도 헤쳐 나가야 할 방은 많이 남아 있다.

마지막 문에 이를 때까지 하루에 몇 개의 방을 통과해야 하는가?

하루 할당량을 정확히 채워야 한다.

마치 시계처럼 꾸준히 나아가야 한다, 제이든이 그 성의 자물쇠를 깨뜨리고 탈출할 때까지

이제 주어진 시간은 5주 남았다.

마고트

지난 몇 주일 동안 믿을 수 없을 정도로 놀라운 일이 계속해서 일어났지만, 알렉스는 지금 자신이 보고 있는 것을 도저히 믿을 수가 없었다. 특이한 수학 문제를 내는 것은 룬트 선생님의 특기였다. 룬트 선생님의 문제를 보고 알렉스까지도 미소를 지은 적이 많았다. 그렇지만 이것은 알렉스에게 개인적으로 보내는 메시지가 아닌가! 마고트가 누구며, 어떻게 레크너의 협박에 대해서 알고 있을까?

알렉스는 자신이 이번 수학 시험을 두려워했다는 사실을 까맣게 잊었다. 두려워할 여유가 없었다. 제이든은 5주 안에 감옥 밖으로 탈출해야 하며, 그 최종 기한에 맞추기 위해 매

일 몇 개씩의 방을 통과해야 하는지 알아내는 것이 무엇보다 중요했다.

알렉스는 찬찬히 그 문제의 단어 하나하나를 다시 읽어 보았다. 그러자 곧 그의 머릿속에 문제를 어떤 방법으로 풀어야 하는지 떠올랐다.

레크너의 지하 감옥에는 방이 400개 있다. 50개의 방을 이미 통과했으므로 이제 방은 350개가 남아 있다. 우리는 5주 동안 그 방을 모두 지나가야 한다. 1주일은 7일이므로 5 곱하기 7은 35이다. 결국 우리는 35일 동안 남은 방을 통과해야 한다. 350 나누기 35는 10이므로 하루에 10개의 문제를 풀어야 한다. 답은 10이다!

알렉스는 거기서 멈추었다. 답은 하루에 10개의 방을 지나야 한다는 것이다. 의심의 여지가 없었다.

'그런데 왜 하필 5주가 주어진 거지?'

나중에 바네사와 그 이유를 알아보기로 마음먹었다. 지금은 남은 문제들이 기다리고 있었다.

마고트가 낸 수수께끼를 해결한 기쁨에 겨운 알렉스는 더욱 기운을 내어 나머지 문제들을 열심히 풀었다. 나머지 문제들은 여느 문제집에서나 볼 수 있는 것도 있었지만, 저절로 미소 짓게 만드는 약간 웃기는 것들도 있었다. 평소에 룬트 선생님이 내는 문제다웠다.

알렉스는 적당한 시간에 시험을 끝냈다. 답안지를 내면서 앞에 있는 존에게 살짝 물어보았다.

"존, 1번 문제 답이 뭐라고 나왔어?"

"열."

존이 작은 목소리로 답해 주었다.

"열 개의 뭐?"

룬트 선생님이 눈살을 찌푸렸다. 하지만 알렉스는 꼭 알아야만 했다.

존은 우습다는 표정을 지으며 대답했다.

"당연히 팔굽혀펴기 열 개지 뭐니?"

이제 확실해졌다. 그러니까 알렉스의 1번 문제는 그에게만 주어진 것이었다. 룬트 선생님이 답안지를 채점할 때 과연 어떤 일이 일어날까?

점심시간에 알렉스는 급히 바네사에게 그 문제에 대해 말했다.

"문제에 '마고트'라는 서명이 붙어 있었어.

그가 설명을 마치면서 덧붙였다.

"그 이름을 듣고 뭐 생각나는 거 없니?"

바네사는 고개를 갸우뚱했다.

"그런 이름을 들었다면 틀림없이 기억하고 있을 텐데."

"나도 그래. 그런데 마고트가 누구였든 이제 우리는 누군가 또 한 사람이 제이든 편에 있다는 걸 알게 되었어. 그리고 그 누군가가 우리가 하고 있는 일을 알고 있다는 것도 말이야. 내 생각엔…… 오히려 잘된 것 같아."

"물론이지, 알렉스."

바네사의 목소리가 한층 밝아졌다.

"나는 어떻게 그 마고트라는 사람이 룬트 선생님의 시험지에 그 문제를 낼 수 있었는지가 궁금해. 그리고 제이든은 왜 정확히 5주 후에 그 성을 탈출해야 하는 걸까?"

"나도 그게 계속 궁금했어."

알렉스가 샌드위치를 꺼내 들면서 말했다.

식당 곳곳에서는 아이들이 점심식사를 하면서 떠들거나 웃고 있었으며 모든 것이 완벽하게 정상적이었다. 그들에게는 어떤 놀라운 일도 일어나지 않았다. 거대한 지하 감옥에 갇힌 죄수도, 위험한 마법사도, 괴물 보초들도, 시험 문제에 숨겨진 비밀스러운 메시지도 없었다. 만약 그들이 제이든의 세계에서 벌어지고 있는 일을 알게 된다면 어떻게 될까!

그때 샘의 목소리가 들려왔다.

"야, 너희 둘 중에 혹시 소시지 샌드위치 가진 사람 없니?

내 거랑 바꿔 먹자."

"응, 나한테 있어."

바네사가 옆에 있는 의자를 빼 주면서 대답했다.

알렉스는 샘을 향해 활짝 웃어 주었다. 그는 샘이 말을 걸어 주어서 내심 크게 안도했다. 그렇지만 너무 갑작스럽게 벌어진 일이라 샘에게 무슨 말을 해야 할지 몰랐다.

하지만 알렉스가 억지로 말을 꺼낼 필요가 없었다. 샘이 먼저 어색한 침묵을 깬 것이다.

"무슨 일이 있는지 아니?"

샘이 말했다.

"나, 올여름에 캠프 간다."

"어떤 캠프?"

바네사가 물었다.

"와콘다 캠프. 사촌 누나가 작년에 거기 갔었는데, 무지 즐거웠대."

"와우, 나도 같은 캠프에 갈 건데!"

바네사가 환호성을 질렀다.

"정말 멋진대!"

"나도 거기 가!"

알렉스가 소리쳤다.

"정확히는…… 내가 수학 성적을 올린다면 말이야. 그래서…….”

알렉스는 말꼬리를 흐렸다. 그는 마술 연필에 대한 이야기로 이 순간을 망치고 싶지는 않았다.

“너희들 중에 누구 배 조종할 줄 아는 사람 없어?”

샘이 물었다.

“와콘다에서는 배도 조종할 수 있대. 빨리 가고 싶다.”

샘은 마치 그들 사이에 아무런 일도 일어나지 않았던 것처럼 행동하고 있었다. 샘은 계속 밤샘 여행과 캠프파이어에 대해서만 이야기할 뿐이었다. 그래서 알렉스는 샘이 마술 연필에 대한 일은 까맣게 잊어버린 것이 아닌가 하고 의아해하고 있었다.

그리고 가장 중요한순간이 다가왔다. 바로 샘에게 제이든과 마법의 책에 대해 말하는 것이었다.

흥분에 휩싸인 알렉스와 바네사는 이미 답을 알아낸 몇 가지 수수께끼에 대해서 서로 끼어들어 가며 다투듯이 이야기했다. 샘은 특히 눈이 한 개인 괴물들과 눈이 세 개인 괴물들이 한자리에 모인 수수께끼를 마음에 들어 했다.

알렉스와 바네사가 마법의 책이 어떤 식으로 진행되는지 설명하는 동안 점심시간이 거의 끝나가고 있었다. 알렉스와 바네사는 조급한 마음에 샘에게 레크너의 협박에 대해서도 들려주었다. 하지만 샘은 그에 대해서 조금도 놀라지 않는 것 같았다. 정말 샘은 마술 연필에 대해서 까맣게 잊어버린 걸까?

“샘, 제이든을 탈출시키려면 네 도움이 정말로 필요해.”

바네사가 애원하듯 마지막으로 말했다.

“어떤 수수께끼는 풀기가 너무 어렵거든.”

샘은 곰곰 생각에 잠긴 듯 턱을 매만지고 있다가 갑자기 익살맞은 표정을 지으며 대답했다.

“정말 나한테 잘 맞는 일인 것 같은데! 오늘 저녁 6시 30분쯤에 갈게. 괜찮지?”

알렉스와 바네사는 그제야 안도의 한숨을 내쉬었다. 놀라운 경험을 함께 나누었던 마술 연필에 대해 샘이 잊어버리지 않았다는 사실이 무엇보다도 다행스러웠다. 알렉스는 숨을 크게 들이쉬고는 그동안 입속에서 맴돌기만 했던 말을 드디어 꺼냈다.

“샘, 너한테 털어놓을 게 있어.”

“그래? 그게 뭘까?”

샘이 짓궂게 웃었다.

“너무 빨리 닳을까 봐 마술 연필을 몰래 숨겼었어.”

알렉스가 약간 더듬거리며 말했다.

“나도 그럴 거라고 생각했어.”

샘이 초콜릿 바를 꺼냈다.

"그래서 내가 그렇게 화가 났던 거야. 네가 그냥 사실대로 말해 주었다면 괜찮았을 텐데 말이야. 나는 거짓말을 하거나 말을 돌려대는 것을 정말 못 참거든. 우린 친구잖아. 한 입 먹을래?"

샘이 초콜릿 바를 알렉스에게 내밀었다.

"그렇지만 그게 다가 아냐."

알렉스가 초콜릿 바를 조금 뜯어서 먹은 뒤 계속 말했다.

"그랬는데 정말로 그 연필을 잃어버렸지 뭐야. 벌을 받은 거지. 나는 정말…… 너한테 그 말을 하고 싶었어."

"알렉스, 잊어버려."

샘이 단호한 음성으로 말했다.

"우리는 모두 가끔씩 바보가 되는 것 같아. 어쨌든 나도 좀 심하게 군 것 같아."

"그래, 그만 잊어버리자."

알렉스가 샘에게 손을 내밀었다. 세 개의 손이 탁자 위에 포개졌다. 그리고 그것으로 끝이었다.

수업이 끝나고 샘과 알렉스, 바네사는 버스에 같이 앉았다. 다시 삼총사가 되니 기분이 좋았다.

"샘, 그런데 한 가지가 더 있어."

아이들이 버스에서 내려 주차장을 나올 때 알렉스가 말했다.

"앞으로 우리는 5주일 동안 매일 밤 정말로 열심히 수수께끼와 씨름해야 돼."

"5주일이라니, 무슨 소리야?"

샘이 물었다.

알렉스는 샘에게 오늘 아침에 본 수학 문제에 대해 말해 주었다.

"지난주에 바네사랑 내가 방을 50개 통과했거든. 그런데 지금 그 마고트라는 사람의 말에 따르면 우리가 하루에 방 10개씩을 지나가야 한다는 거야. 그럼 1주일에 70개를 통과해야 하거든."

샘이 곰곰 생각에 잠겼다가 툭 내뱉었다.

"내 생각에 그 말은 이번 학기가 끝날 때까지 모든 방을 지나가야 한다는 것 같은데."

알렉스와 바네사는 서로의 얼굴을 쳐다보았다. 곧 바네사가 손바닥으로 자신의 이마를 쳤다.

"도대체 왜 그 생각을 못했지?"

바네사가 소리쳤다.

"샘, 너는 천재야!"

샘이 어깨를 으쓱했다.

"글쎄, 이 마고트가 누구든……."

그가 결론을 지었다.

"이번 학기가 얼마나 남았는지, 또 학기가 끝나면 우리가 캠프로 떠난다는 것을 아는 대단한 존재임에는 틀림없어. 좀 으스스한데……."

그날 저녁 알렉스는 저녁식사를 하면서 오늘은 확실히 수학 시험을 잘 치른 것 같다고 부모님에게 말했다.

"바네사한테 고맙다고 해야 한다."

알렉스의 엄마가 말했다. 엄마는 바네사가 알렉스에게 수학을 가르쳐 주기 위해 자주 집에 오는 거라고 알고 있었기 때문이었다.

"바네사라고? 에에에에에."

알렉스의 형 놀란이 놀렸다.

"그래서 한동안 샘이 안 보인 거구나."

"그런 게 아냐!"

알렉스가 소리쳤다.

"샘과 나는 조금 다퉜을 뿐이야. 이제는 화해했다고. 샘도 바네사랑 친구야. 그리고 걔네들 모두 올여름에 와콘다 캠프에 간대. 멋지지 않아? 샘은 배를 조종하고 싶다고 했지만 나는 수상스키에 더 관심이 많거든……."

곧 놀란은 알렉스에게 캠프 생활에 대한 온갖 종류의 충고를 퍼부었다. 그런데 고맙게도 샘과 바네사가 도착하자 놀란은 더 이상 짓궂은 말을 하지 않았다.

일단 알렉스의 방에 들어서자 샘은 스스로를 자제할 수가 없었다.

"그거 어디 있어? 빨리 보여 줘!"

샘은 눈으로 방 구석구석을 훑어보면서 말했다.

책을 펼쳐본 샘은 너무 흥분한 나머지 의자에서 벌떡 일어나 감탄사를 연발했다.

"굉장한데! 훌륭해! 멋져!"

"목소리 좀 낮춰."

바네사가 손가락을 입에다 갖다 대면서 말했다.

"세상 사람 모두가 이 책에 대해서 알게 되길 바라니?"

"어쩔 수가 없었어."

샘이 목소리를 낮추어 말했다.

"이건 내가 상상했던 것보다 훨씬 더 멋져."

이제 진지하게 다음 수수께끼를 풀어야 할 때였다.

세 아이는 어젯밤 제이든을 남겨 두고 나왔던 51번 방을 펼쳤다. 이번에는 토끼 다리를 가진 유쾌해 보이는 보초가 있었다. 신체의 다른 부분은 모두 인간과 똑같았다. 연미복을 입었고 단추 구멍에는 카네이션을 한 송이 꽂고 있었다. 그는 제이든에게 다음과 같은 수수께끼를 냈다.

어느 날 레크너 왕이 자신이 가진 마법의 힘을 이용하여 성 한 채를 지었다.
그리고 그 성의 거대한 벽 위로 12개의 은탑을 쌓았다.
각 탑이 모두 훌륭했으며, 각각 바로 전에 쌓은 탑보다 좀 더 높았다.
높이에 관한 문제가 너에게 주어졌으니, 할 수 있으면 한번 풀어 보아라.
가장 낮은 탑이 20미터이고 두 번째 탑은 그보다 5미터 더 높다.
세 번째 탑의 높이는 35미터이고, 다음에 네 번째 탑이 온다.
이 네 번째 탑은 거대한 탑으로 높이가 55미터나 된다. 그러면 한번 말해 봐라.
과연 열두 번째 탑의 높이는 얼마인가? 답은 정말로 쉽도다.

“쉽지가 않은데.”
알렉스가 한숨을 내쉬었다.
“지금까지 풀어 온 문제들 중에서 제일 어려워.”
그리고 알렉스는 다른 친구들을 돌아보았다.
“뭔가 떠오르는 게 있니?”
“아니.”
바네사가 대답했다.
“우리 다시 읽어 보자.”
아이들은 그 문제를 네 번 더 읽었다. 그리고 나서 갑자기

51

샘이 말했다.

"어디서부터 시작해야 할지 알 것 같아. 1번 탑부터 4번 탑까지 각 탑들 사이의 높이 차이에서 나타나는 패턴을 알아보자. 우리가 이걸 해낸다면 12번 탑까지 계속 이 패턴을 발전시킬 수 있을 거야."

"샘 덕분에 살았네."

바네사가 말했다.

"그렇게 하자. 첫 번째 탑이 20미터, 두 번째가 25미터, 세 번째가 35미터이고, 네 번째가 55미터야. 첫 번째 높이의 차는 5, 그 다음은 10, 그리고 20……."

"계속 2배가 되잖아!"

알렉스가 외쳤다.

"5번 탑은 4번 탑보다 40미터 더 높겠네!"

"표를 만드는 게 좋겠어. 아니면 12번 탑에 닿기도 전에 헷갈려 버릴걸?"

샘이 말했다.

아이들은 다음과 같이 써내려 갔다.

1번 탑	20
2번 탑	25
3번 탑	35
4번 탑	55
5번 탑	55+40=95
6번 탑	40×2=80 → 95+80=175
7번 탑	80×2=160 → 175+160=335
8번 탑	160×2=320 → 335+320=655
9번 탑	329×2=640 → 655+640=1,295
10번 탑	640×2=1,280 → 1,295+1,280=2,575
11번 탑	1,280×2=2,560 → 2,575+2,560=5,135
12번 탑	2,560×2=5,120 → 5,135+5,120=10,255m

"열두 번째 탑의 높이는 10,255미터야!"

알렉스가 소리쳤다.

"우리 하이파이브 하자!"

"일만이백오십오 번의 하이파이브."

샘이 웃으며 알렉스와 바네사의 손바닥을 쳤다.

하지만 아이들은 마냥 좋아하고만 있을 수는 없었다. 그날 밤 안으로 풀어야 할 수수께끼가 아직 아홉 개나 남아 있었기 때문이다. 제이든은 아이들에게 의지하고 있었다. 이제 페이지를 넘길 시간이었다.

알렉스가 그 이야기를 다 읽고 나자마자
숫자들이 마치 회오리처럼 알렉스의 머릿속에서 소용돌이쳤다.
"제곱!"이라는 주문이 도대체 어떤 마술을 부린 것일까?
알렉스는 그 수수께끼를 두 번 더 읽었고, 마침내 답을 얻었다.

Chapter 6

마법의 책과 통하는 길

58번 방에서 세 친구는 무서운 광경을 보았다. 제이든이 괴상한 모습의 거북이 머리를 한 보초와 마주 보고 있었는데, 보초는 테니스 복을 입고 챙이 달린 예식용 모자를 쓰고 있었다. 그런데 제이든의 손에는 더 이상 종이가 들려 있지 않았다. 그녀가 종이를 모두 다 써 버린 것이다. 게다가 연필도 아주 짧은 것 하나밖에 남아 있지 않았다.

레크너는 이 지하 감옥에서는 오직 종이에 기록한 답안만이 효력을 발휘한다고 말했다. 이제 어떻게 해야 하지? 제이든은 너무 절망적인 나머지 눈물조차 흘리지 못하고 있었다. 지금까지 해 온 모든 일이 결국 헛수고가 되고 말 것인가!

그 순간, 아이들은 제이든이 자기들을 향해 곁눈질을 하고 있다는 사실을 알아차렸다! 무엇이든 어서 빨리 생각해내야만 했다.

"우리가 종이 몇 장을 직접 책갈피 사이에 끼우고 책장을 덮어 보면 어떨까?"

샘이 의견을 내놓았다.

아이들은 샘의 말대로 하고 난 뒤 잠시 동안 기다렸다. 하지만 책을 다시 폈을 때 종이는 아이들이 놓아 둔 그 자리에 그대로 있었다. 58번 방에서는 아무 일도 일어나지 않았다. 제이든의 손은 여전히 비어 있었으며 표정 역시 절망적이었다.

"첫 번째 방에 종이가 가득 쌓여 있었던 거 기억하니?"

알렉스가 말했다.

"우리가 제이든을 거기로 다시 보내서 종이를 더 가져오게 한다면……."

바네사가 알렉스의 말에 덧붙였다.

"그래! 페이지들을 다시 앞으로 쭉 넘겨보면 될지도 몰라."

"안 될 것 없지."

샘이 대꾸했다.

"어차피 손해 볼 것도 없는데, 뭐."

아이들은 외눈박이 괴물이 보일 때까지 페이지를 넘겼다. 비로소 첫 번째 방에 도착했다. 그런데 방의 모습이 어쩐지 예전과 달랐다. 제이든을 바라보는 외눈박이 괴물의 눈길이 부드러워져 있었다. 아니, 제이든을 향해 활짝 웃고 있었다. 그리고 그는 구석에 쌓여 있는 종이 묶음 쪽을 가리켰다.

"이야, 이제 알겠어! 이 외눈박이 괴물은 제이든 여왕을 돕고 싶어 하는 거야!"

바네사가 소리쳤다.

"그는 제이든이 계속 앞으로 나아가길 바라고 있어."

"글쎄……."

알렉스가 의심스러운 눈초리로 외눈박이 보초를 노려보면서 말했다. 그 사이에 샘은 페이지를 58번 방으로 빠르게 넘겼다. 조금 전과 마찬가지로 제이든이 그 거북이 모습의 괴물 앞에 서 있었다. 그런데…… 이번에는 제이든의 표정이 밝았다.

"됐다!"

샘이 외쳤다.

"바네사, 너는 천재야!"

제이든의 손에는 여러 장의 종이와 새 연필 다섯 자루가 들려 있었다. 거북이 보초는 빨리 문제를 내고 싶어서 안달하는 것처럼 보였다. 그가 낸 문제는 다음과 같았다.

나에게는 나보다 나이가 많거나 적은 형제들이 여럿 있다.

우리는 모두 10년 터울이고 내가 우리 형제들의 중간이다.

너희들이 얼마나 똑똑한지 어디 한번 볼까?

막내 동생의 나이가 10살이라는 사실만 살짝 알려 줄게.

유감스럽게도 나머지는 까다로우니 잘 들어 봐라.

우리 형제들의 나이를 전부 합치면 1,200살이 된다.

그렇다면 나는 몇 살인지 알겠니?

지금 나에게 그걸 말해 준다면 너희들의 눈물이 모두 마를 텐데…….

"수수께끼들이 점점 어려워지는 것 같아."

바네사가 한숨을 내쉬었다.

"샘, 네 생각은 어떠니?"

"우리가 알고 있는 것에서 출발해 보자."

샘이 대답하고는 새 종이 한 장을 꺼내 책상 위에 놓았다.

"좋아."

바네사가 말했다.

"이 괴물들이 모두 10년 터울이고 막내가 10살이라면, 그 바로 위는 20살, 그 다음은 30살, 이런 식으로 가는 게 틀림없어. 그러니까 내 생각에 우리는 이 형제들 나이의 총합인 1,200이 될 때까지 계속 10씩 더해 가기만 하면 돼."

샘의 말을 알렉스가 받았다.

"그래. 그렇게 끝까지 가면 우리는 형제들이 모두 몇 명인지 알게 될 것이고, 그러면 이 형제들의 중간이 몇 살인지도 찾을 수 있을 거야."

"내 생각도 그래."

바네사가 말했다.

샘은 '10+20+30+40+50+60+70……'이라고 써내려

갔다.

"손이 아파 오는데……."

샘이 손목을 흔들며 말했다.

"그래도 끝까지 가 봐야지. 모두 더하면 어떻게 되는지 한 번 보자."

샘은 손목을 조금 더 흔든 뒤에 다시 연필을 집었다.

"이제 겨우 280살이네. 920살 더 가야 돼."

"내가 계속할게."

알렉스가 말했다.

"그 다음 나이가 80살이니까, 280+80+90+100+110+120. 이래봤자 겨우 780살이야. 1,200살이 되려면 아직도 420살이 부족해."

"거기서부터는 내가 할까?"

바네사가 말했다.

"120 다음에는 130, 그 다음은 140과 150. 그러므로 780+130+140+150=1,200. 됐어! 나머지는 아주 쉬워. 우리는 그냥 나이를 몇 개나 더해 왔는지 세기만 하면 돼."

알렉스가 처음에 시작한 10까지 포함해서 더하기를 몇 번 했는지 세었다.

"모두 열다섯 개의 나이가 나오네."

알렉스가 말했다.

"따라서, 형제가 모두 열다섯 명. 열네 명에다가 보초를 합친 값이지."

"그리고 괴물 보초는 자기가 형제들 중 중간이라고 말했어."

알렉스의 말을 샘이 이었다.

"그러니까 그 보초는 자기보다 나이가 많은 쪽과 어린 쪽, 양 쪽에 각각 일곱 명씩의 형제들이 있어야 해. 따라서 거북이 보초는…… 여덟 번째야!"

"여덟 번째라면……."

바네사가 말했다.

"거북이 보초는 80살이 틀림없어!"

세 아이는 서로 손을 마주 잡고 기쁨에 겨워 소리쳤다.

"우리가 해냈다!"

다음 날, 룬트 선생님이 지난번에 치른 그 신비한(어쨌든 알렉스에게는 신비했다) 수학시험 답안지를 돌려주었다. 선생님이 알렉스에게 답안지를 주면서 말했다.

"이번 시험은 지난 시험보다 훨씬 더 잘 봤더구나. 잠깐 걱정시키더니……."

알렉스는 점수를 보았다. 85점이었다. 물론 마술 연필로 시험을 보던 때처럼 완벽하지는 않았지만, 알렉스는 그때 받았던 '100점'을 다 합친 것보다 이번에 받은 '85점'이 훨씬 더 만족스러웠다.

알렉스는 마고트라는 신비로운 인물이 냈던 첫 번째 문제를 살펴보았다. 그 문제는 운동에 관한 것으로 바뀌어 있었다. 존이 말했던 것처럼 팔굽혀펴기 350개를 5주일에 나누어서 하려면 하루에 10개씩 하는 것으로 되어 있었다. 도대체 마고트라는 사람은 어떻게 이런 일을 해낸 거지?

저녁에 샘과 바네사가 알렉스의 집으로 왔다. 아이들은 독일에 있는 알렉스의 삼촌이 보내 준 마지팬 과자(아몬드와 설탕, 계란을 반죽해 만든 과자_옮긴이)를 마음껏 먹으면서 알렉스가 85점을 받은 것을 축하했다. 과자를 다 먹자 세 친구는 다시 수수께끼에 매달렸다. 처음에는 모든 것이 순조로웠다. 평소처럼 생각을 모아서 어려운 수수께끼 몇 개를 풀었고, 제이든은 계속해서 다음 방으로 전진할 수 있었다.

드디어 그날 풀어야 할 마지막 수수께끼가 나왔다. 제이든은 다른 괴물 보초들처럼 괴상하게 생기기는 했지만, 꽤 친절해 보이는 보초가 지키고 있는 방에 들어와 있었다. 보초는 거대한 주홍색 날개와 악어 꼬리를 가진 늑대였다.

"이 보초는 어쩐지 귀여워 보여."

"그래. 하지만 이놈이 우리를 물지도 몰라."

샘이 우스갯소리를 했다.

아이들은 수수께끼를 읽기 시작했다.

엑스포넨시아는 수많은 거품들이 모여서 노는 행성이다.

자기들끼리 번식하는 것이야말로

거품들이 매일매일 가장 즐기는 놀이지.

일단 거품이 2개 모이면

그들은 번식을 시작해.

어느 누구도 거품들의 번식 속도를 따라잡을 수 없어.

미리 충고하는데 따라할 생각은 아예 하지 말도록.

딱 4단계만 거치면, 어떤 마법을 쓰지 않고도

2개의 거품이 무려 65,536개의 거품이 된다.

그런데 엑스포넨시아로서는 다행스럽게도

거품을 사냥하는 고기들이 있다.

고기들 덕분에 거품의 숫자는

현기증이 날 정도로 증가하진 않아.

그렇지 않았다면 이 행성의 표면은

아주 빠른 속도로 거품 바다가 되었을 거야.

거대한 거품 바다에서는

결코 즐겁게 지낼 수 없을 테니까!

거품들이 어떻게 이렇게 번식할 수 있는지 나한테 말해 봐.

거품의 패턴은 무엇인가?

힌트를 하나 주도록 하지!

그것은 정사각형과 관련이 있어.

아이들은 멀뚱한 눈으로 서로의 얼굴만 빤히 쳐다보다가 다시 수수께끼를 들여다보았다. 그리고는 모두 한숨을 쉬며 천장으로 시선을 돌렸다.

"처음에 2개였던 거품이 65,536개가 된다고!"

한참만에야 알렉스가 입을 열었다.

샘이 신음하듯이 말했다.

"음, 나도 전혀 실마리를 못 찾겠는데."

"나도 그래."

바네사가 다시 한 번 한숨을 푹 내쉬었다.

세 친구는 아무 말 없이 책을 뚫어지게 보고만 있었다. 시계가 째깍, 또 째깍, 계속 째깍거렸다.

"이제 어떻게 해야 하지?"

알렉스가 멍한 상태에서 깨어나며 말했다.

"글쎄, 만약 우리가 오늘 밤 안으로 이 문제를 풀지 못한다면……."

바네사가 말했다.

"밤새 생각해 보고 내일 다시 어떻게든 풀어 봐야겠지."

"그러다가 내일도 계속 막히면 어떻게 해?"

샘이 말했다.

"마고트가 한 말을 명심해야 돼. 하루에 방 10개씩이야. 우리가 이 속도를 유지하지 못하면 방학할 때까지 끝낼 수가 없어. 그리고 만약 우리가 수수께끼를 전부 풀지 못하면……
제이든에게 무슨 일이 닥칠지 모두 알고 있잖아!"

하지만 이제 그만 끝내야 할 시간이었다. 슬프고 실망스러웠지만 아이들은 작별 인사를 해야 했다.

알렉스는 자기 방에 혼자 남겨졌다. 어떻게 이럴 수가 있지? 지금까지 모두들 잘해 왔잖아. 그래, 확실히 우리는 계속 나아갈 방법을 찾아낼 수 있을 거야!

알렉스는 침대에 누운 채 오랫동안 뒤척였다. 깜빡 잠이 들었나 싶었는데, 깨어나 보니 아직 주위가 깜깜했다. 시계를 보았다. 새벽 3시! 정말 이상한 일이었다. 알렉스는 한번 잠이 들면 보통 7시에 무자비한 알람시계가 사정없이 울릴 때까지 절대로 눈을 뜨는 법이 없었기 때문이다. 심지어 알렉스는 한밤중이 어떻게 생겼는지도 몰랐다. 그런데 지금 캄캄한 밤중에 깨어 있었다. 잠은 완전히 달아나고 난 뒤였다. 7시까지는 4시간이라는 시간이 주어져 있었다.

알렉스는 침대에서 나와 책상의 불을 켰다. 《제이든 구출 작전》은 아이들이 풀지 못한 수수께끼가 있는 페이지가 펼쳐진 채 책상에 놓여 있었다. 알렉스는 단어 하나하나를 천천히 다시 읽어 보았다. 하지만 여전히 이해가 되지 않았다.

그 순간, 한 가지 생각이 떠올랐다. 제이든이 종이를 더 가져갈 수 있도록 도와주었던 첫 번째 방의 외눈박이 보초! 어쩌면 그가 또 다시 도와줄지도 모른다.

알렉스는 얼른 그 페이지를 펼쳤다. 곧 알렉스의 얼굴 가득 밝은 미소가 번졌다. 그 외눈박이 괴물은 이제 다이아몬드가 달린 철창 대신 낚시용 그물을 들고 있었고, 그의 수수께끼도 바뀌어 있었다.

누더기 차림의 데니는 어부였다네.

그는 가난했고 배는 낡아빠졌지.

평생 동안 데니는 큰 재산을 갖기를 꿈꿨다네.

매일 그는 금에 대해서 생각했지.

만약 인어가 그물에 걸리기라도 한다면

몸값을 상당히 많이 받을 수 있다는 말을 들었거든.

어느 추운 날 아침,

데니는 자기 배에 혼자 침울하게 앉아 있었네.

깊은 생각에 잠긴 그는

뱃사람들이 마시는 럼주로 몸의 온기를 유지하면서

물을 내려다보고 있었지.

그런데 갑자기 뭔가가 당기는 것 같더니

그물이 갑자기 춤을 추기 시작했네.

데니는 그물을 잡아당겼네. 심장이 콩닥콩닥 뛰고 있었어.
이것이야말로 기회일지도 몰라!

처음에 그는 온통 비늘로 덮인 꼬리를 보았네.
그냥 물고긴가?
그러나 잠시 후
데니는 자기 소망이 이루어졌음을 알았네.
만세!
이제 배 안에 인어 한 마리가 있었네.
인어는 최고로 화가 나 있었어.
데니가 그녀에게 말했네.
"내가 널 잡았다.
나한테 금을 주면 너는 다시 자유롭게 바다를 헤엄칠 수 있어."
"당신의 소원을 들어 드리겠어요, 선량한 어부님."
인어가 미소 띤 얼굴로 말했네.
"제가 금화 3닢을 드리겠어요.
이 정도면 당분간 지내실 만할 거예요.
만약 돈을 더 원하시면
그냥 '제곱!'이라고 말씀만 하세요.
곧 당신은 물고기를 잡지 않아도 되실 거예요.
백만장자가 되실 거니까."

데니는 그 금화 3개를 받고 인어를 풀어 주었네.

그는 정말로 기분이 좋았다네.

인어가 물속으로 들어갈 때, 그는 외쳤네.

“제곱!”이라고.

그러자 금화가 9개가 되었다네.

9개의 금화로 그는 많은 것을 살 수 있을 것이고,

즐거움은 이제 막 시작되었을 뿐이라네.

“제곱!”

그는 다시 소리쳤고, 금화는 이제 아홉을 아홉 곱한……

우와, 81개의 금화라니!

81은 정말 큰 숫자지만, 이걸로는 충분하지 않아.

“제곱!”

데니는 다시 소리쳤고, 6,561개의 금화를 갖게 되었네.

그렇지만 슬프게도 그는

자신의 배 안에 물이 차는 것을 보지 못했네.

데니의 낡은 배는 간신히 버티고 있었네.

배가 가라앉을 것인지, 아니면 계속 떠 있을 수 있을는지…….

탐욕스러운 데니의 욕심은 끝이 없었고

배는 더 이상 버티지 못했네.

“제곱!”

그는 헐떡거리면서 말했고, 잠시 후

그와 그의 배 그리고 금화는 물속으로 사라져 버렸다네.

이제 당신은 알 것이네.

왜 인어 낚시가 해로운지.

당신은 데니의 전 재산을 가라앉게 한

그 무거운 숫자를 알겠는가?

알렉스가 그 이야기를 다 읽고 나자마자 숫자들이 마치 회오리처럼 알렉스의 머릿속에서 소용돌이쳤다.

"제곱!"이라는 주문이 도대체 어떤 마술을 부린 것일까? 알렉스는 그 수수께끼를 두 번 더 읽었고, 마침내 답을 얻었다. 제곱이란, 각 숫자를 바로 그 숫자 자신으로 곱한 것이었다!

처음에는 금화 3개, 그 다음은 3 곱하기 3을 해서 금화 9개. 이어서 9 곱하기 9는 81.

알렉스는 계산기를 꺼내 들었다. 종이에 일일이 계산할 시간이 없었다. 너무도 당연하게 81에 81을 곱하니까 6,561이 나왔다. 또 다시 제곱을 하면 그 다음엔 43,046,721이었다. 배가 침몰하지 않으면 그게 이상한 거였다. 그렇게 많은 동전이라면 낡은 배가 아니라, 커다란 어선이라도 물에 가라앉고 말았을 것이다.

알렉스는 샘과 바네사에게 전화하려고 벌떡 일어났다. 하지만 지금이 몇 시인지 깨닫고는 다시 책상에 앉았다.

마음이 급해진 알렉스는 책장이 거의 찢겨질 정도로 급히 페이지를 넘겼다. 조금 전에 물러나야 했던 그 방이 다시 나왔다. 알렉스는 종이를 꺼내서 그 위에 썼다.

$2 \times 2 = 4$

그런 다음, 알렉스는 이야기 속의 데니가 그랬던 것처럼 소리쳤다.

"제곱!"

알렉스는 스스로 멋쩍어서 미소를 지었다.

그는 계속했다. 연필을 하도 빨리 움직여서 부러질 지경이었다.

$4 \times 4 = 16$

$16 \times 16 = 256$

$256 \times 256 = 65,536$

바로 그거였다! 겨우 네 단계 만에 거품이 65,536개가 되었다. 정말 근사할 정도로 단순했다.

이제 불가능한 것은 아무것도 없어 보였다. 알렉스가 페이지를 넘겼더니, 그 페이지는 가볍게 넘어갔다. 제이든의 답은 언제나처럼 알렉스의 답과 똑같았다. 제이든은 다음 방으로 갈 수 있었다. 그 방에는 다리가 여덟 개인 푸른색 유니콘이 기다리고 있었다.

몸이 나른해졌다. 알렉스는 하품을 길게 하고는 다시 침대 위에 누웠다. 막 잠이 들려는 순간, 알렉스는 '제곱' 수수께끼를 푼 것이 혹시 꿈이 아닐까 하는 무서운 생각이 들었다.

알렉스는 벌떡 몸을 일으켜 자신의 볼을 꼬집었다. 다행히도…… 아팠다. 그래도 혹시나 하는 생각에 알렉스는 책을 확인해 보았다. 굉장했다! 제이든은 정말로 다리가 여덟 개인 유니콘 앞에 서서 자신의 구조대원들을 기다리고 있었던 것이다.

책 뒤표지에는 작은 문이 하나 있었다.
그냥 그림이 아니라 조그마한 경첩과
작은 은 손잡이가 달린 진짜 문이었다.
손잡이 옆에는 아이들이 조금 전에 반대쪽 면에서 보았던 것과 똑같은,
1부터 60까지의 숫자가 있는 다이얼이 달려 있었다.

Chapter 7

부서진 마술 연필

"알렉스, 뭐가 그렇게 좋니?"

다음 날 아침, 버스에서 만났을 때 샘이 물었다. 샘은 밤새 한숨도 자지 못한 것처럼 보였다.

"그놈의 번식하는 거품들에 대해서 쉬지 않고 계속 생각했는데, 아직도 해결책이 안 보여."

"그렇지만 제이든은 답을 알고 있지."

알렉스가 더 이상 참지 못하고 웃으면서 말했다.

"제이든은 벌써 다음 번 방에 가 있어. 너도 거기 있는 유니콘이 마음에 들 거야."

"유니콘이라니? 너희들 무슨 말 하는 거야?"

바네사가 다가오면서 물었다.

알렉스가 책을 꺼냈다. 샘이 화들짝 놀라며 다급하게 속삭였다.

"아니, 너 그걸 갖고 왔어? 무슨 일이라도 생기면 어쩌려고 그래?"

샘이 조심스럽게 버스 안을 둘러보았다.

"각별히 조심할 테니 걱정 마."

알렉스는 책을 편 채 제이든의 손에 들려 있는 답과 유니콘, 그리고 알렉스 자신을 휘둥그레진 눈으로 살펴보는 샘과 바네사를 즐거운 마음으로 지켜보았다.

"도대체 어떻게 푼 거야? 만약 움직이는 컴퓨터가 있다면 네가 바로 그 컴퓨터구나, 알렉스!"

샘이 말했다.

바네사가 숫자들을 다시 자세히 들여다보았다.

"아하, 이렇게 하면 되는구나. 이 '제곱' 이야기는 정말 멋지다!"

"도움을 좀 받았거든."

알렉스가 사실대로 털어놓았다.

"보여 줄게."

그러고 나서 알렉스는 외눈박이 괴물이 있는 페이지를 펼쳤다. 데니와 인어에 대한 슬픈 이야기가 아직 거기 있었다.

"이 외눈박이 보초는 무슨 일이 일어나고 있는지 다 알고 있는 게 틀림없어."

바네사가 말했다.

"그래, 우리 구조대에 네 번째 대원이 생긴 거야. 앞으로 우리가 또다시 곤경에 빠진다 해도 의지할 곳이 있는 셈이지."

학기말이 점점 더 가까워지고 있었다. 알렉스와 바네사, 샘은 이제 문제를 푸는 데 도사가 되어 있었기 때문에 실패하는 일 없이 하루에 수수께끼 10개씩 꼬박꼬박 풀어 나갔다. 때때로 어려움에 처하기도 했지만, 그때마다 외눈박이 친구가 아이들을 기꺼이 도와주었다.

곧 아이들은 외눈박이 보초를 좋아하게 되었다. 심지어는 가끔 그냥 안부 인사를 하기 위해 그가 있는 페이지를 펼쳐 보기도 했다.

하지만 알렉스는 아직도 레크너의 협박에 대해 두려움을 느꼈다. 분명 그 마법사가 허세를 부린 것은 아닐 거라는 생각이 들었다. 제이든이 지하 감옥을 벗어날 날이 가까이 다가올수록 모든 것이 너무 쉽게 진행되고 있다는 느낌이 오히려 불안을 더욱 부추겼다.

그 학기의 마지막 주에 룬트 선생님은 수학의 새로운 주제를 가르쳐 주었다. 선생님은 칠판에 '5^2'이라고 써 놓고 다음과 같이 말했다.

"5의 제곱을 아는 사람?"

알렉스가 주위를 둘러보았다. 아무도 손을 들지 않았다. 심지어 반에서 일등을 놓치지 않는 로라의 손조차 올라가지 않았다. 말할까, 말까……. 에이, 못할 게 뭐 있어! 알렉스는 눈을 꼭 감은 채 천천히 손을 들었다.

"그래, 알렉스?"

"5의 제곱은…… 25 아닌가요?"

"정확히 맞았어!"

룬트 선생님이 활짝 웃고는 칠판에 대답을 적었다. 반 아이들의 시선이 일제히 알렉스에게로 몰렸다.

$$5^2=25$$

"알렉스, 요즘 혼자서 수학 예습을 하는 모양이구나?"

알렉스는 얼굴이 벌겋게 달아오른 채 얼버무렸다.

"약간요……."

룬트 선생님은 숫자 5의 오른쪽 위에 있는 작은 숫자 2는 '지수'라고 부른다고 설명해 주었다. a^2은 숫자가 바로 자기 자신에 의해 한 번 곱해져야 함을 의미하는 것이었다. 그러므로 $5^2=5\times5$가 된다. a^3은 같은 숫자 3개를 곱해야 한다는 의미이다. 따라서 $5^3=5\times5\times5$. 이런 식으로 계속된다.

'지수라고?'

지수를 영어로 '엑스포넌트exponent'라고 부른다는 사실도 알았다. 그제야 거품들의 행성 이름이 '엑스포넨시아'였던 것이 떠올랐다. 알렉스는 웃음을 짓지 않을 수가 없었다.

종이 울리고 알렉스가 교실을 막 나서려는데 룬트 선생님이 그를 불러서 물어보았다.

"알렉스, 네가 어떤 문제집으로 수학 공부를 하고 있는지 정말 궁금한데?"

알렉스는 갑자기 자기 가방에 들어 있는《제이든 구출작전》의 무게가 느껴졌다. 얼굴이 뜨거워졌다. 알렉스는 간신히 대답했다.

"수학 수수께끼…… 책 같은 거예요."

"그거 좋구나. 지금 그 책을 갖고 있니? 보고 싶은데. 우리 반에 너와 같은 방법으로 공부하면 좋을 것 같은 학생들이 또 있거든."

알렉스는 어떻게 해야 할지 몰랐다. 다행스럽게도 바로 그 때 다른 선생님이 문 밖에서 룬트 선생님을 불렀다. 알렉스는 겨우 곤란한 상황에서 벗어날 수 있었다.

방학 전날 밤, 샘과 바네사가 집에 왔을 때 알렉스는 아직 저녁밥을 먹는 중이었다.

"디저트 좀 먹을래?"

엄마가 물었지만 알렉스는 고개를 저었다.

"엄마, 시간이 없어요. 우린 해야 할 일, 아니 해야 할 숙제가 좀 많거든요. 지금 바로 시작해야 돼요."

테이블에 앉아 있던 가족들이 모두 쳐다보았다.

"숙제라니?"

놀란이 의심스럽다는 듯이 말했다.

"방학 전날에 숙제를 내는 선생님은 없어. 너희들 도대체 무슨 꿍꿍이를 벌이는 거야?"

"와콘다 캠프에서 뭘 할 건지 계획을 짜기로 했거든요."

바네사가 재빨리 끼어들었다.

"글쎄, 오늘은 알렉스가 식기 세척기를 돌릴 차렌데……."

엄마가 알렉스의 기억을 되살려 주었다.

"저희가 도울게요."

샘이 제안했다.

"알렉스, 어서 시작하자."

셋이서 그릇을 정리해서 식기 세척기에 넣을 때 알렉스가 조용히 말했다.

"바네사, 대답 잘했어. 놀란 형은 일단 쥐를 발견하면 잡을 때까지 절대로 포기하지 않는 성격이거든. 그런데 네 말 덕분에 아무것도 눈치채지 못한 것 같아."

그날, 아홉 개의 수수께끼까지는 모든 것이 순조로웠다. 하지만 드디어 사백 번째, 그러니까 제일 마지막 방에 도착했을 때 세 친구는 너무 놀란 나머지 숨조차 제대로 쉴 수가 없었다. 제이든 앞에 있는 문은 잠겨 있었다. 수수께끼를 낼 괴물 보초도 보이지 않았다. 길이 막혀 버린 것이다.

"레크너는 절대로 제이든에게 탈출 기회를 주지 않을 속셈이었던 거야."

알렉스가 씁쓸한 표정으로 말했다.

"이 문은 절대로 열지 못하도록 되어 있는 게 분명해."

"사기꾼 같으니!"

바네사가 화를 냈다. 알렉스와 샘이 바네사의 얼굴에서 화내는 표정 비슷한 것이라도 본 것은 이번이 처음이었다.

샘은 코가 거의 책에 닿을 정도로 그림을 자세히 들여다보고 있었다.

"아하!"

샘이 외쳤다. 그는 닫혀져 있는 문을 가리켰다. 문의 손잡이 위에 꼭 학교 사물함에 붙어 있는 숫자 조합 자물쇠처럼 생긴 것이 있었다. 거기에는 1부터 60까지 붙어 있는 다이얼이 있었다.

"자물쇠가 있는 곳에 숫자가 있어."

샘이 말했다. "어떻게 하지? 숫자를 바르게 조합할 때까지 1부터 60까지의 모든 숫자를 세 개씩 배열해야 하는 건가?"

샘의 말에 바네사가 짜증 가득한 목소리로 말했다.

"그렇게 하면 시간이 너무 많이 걸릴 거야. 우리가 제이든한테 컴퓨터를 줄 수 있다면 몰라도."

"그리고 어쨌든……."

샘이 말했다.

"우리가 그 암호를 푼다 해도 누구한테 그걸 주지? 여기에는 괴물도 없는데."

그때 알렉스가 말했다.

"우리에겐 언제나 외눈박이 친구가 있잖아."

아이들은 재빨리 페이지를 넘겨 첫 번째 방으로 돌아가 보았다. 하지만 실망을 감출 수가 없었다. 첫 번째 방에 있어야 할 친절한 외눈박이 친구가 보이지 않았던 것이다.

"제일 필요할 때 우리를 버리다니!"

바네사가 다시 화를 냈다. 하지만 알렉스는 침착하게 페이지를 넘겨 사백 번째 방으로 갔다. 그제야 바네사도 안도의 한숨을 내쉬었다. 400번 방에 있는 제이든은 혼자가 아니었다. 외눈박이 괴물 친구가 제이든과 함께 있었다. 제이든 역시 적잖이 안심하고 있는 것처럼 보였다.

"역시 의리 있는 친구야. 바네사가 사과해야겠다."

샘이 말했다.

외눈박이 괴물 보초가 제이든에게 이야기를 들려주었다.

나는 늙은 레크너처럼 비열한 왕은 처음 보았네.

나는 그가 당신을 아내로 만들려고

속임수를 써 왔다는 사실을 알게 되었다네.

그는 이 문에는 괴물을 세워놓지 않았으며 당신은 열쇠도 찾을 수 없을 것이네.
그렇지만 그런 폭군을 나는 섬길 수 없네. 나는 당신을 풀어 주기를 원하네.
레크너 왕은 신기한 것들로 꽉 차 있는 비밀 상자를 하나 갖고 있지.
입으면 보이지 않게 되는 투명 망토, 요술 지팡이, 마법의 반지 등등.
그러나 그 모든 것들 중에서도
수학 문제를 푸는 마술 연필을 가장 소중하게 여긴다네.
그 연필이 하는 일은
문제를 푸는 사람 앞에 놓인 어려움을 없애 주는 것이라네.

흑마술에는 점성술이 필요하지.
각 별의 움직임을 실수 없이 잘 계산해내지 못하면
흑마술은 아무런 소용이 없지.
레크너가 남을 해치거나 불구로 만들려고 마법을 쓸 때마다
그 연필은 정확하게 계산해서
레크너가 목표물에 마법을 걸 수 있도록 도와주었지.
당신을 이리로 데려오기 전, 레크너 왕은 어딘가로 떠났네.
그는 자주 먼 나라까지 가고는 하는데, 어디를 돌아다니는지는 나도 알 수가 없네.

그런데 그가 돌아오자마자 진노한 고함소리가 성 전체에 울려 퍼졌네.
여행 중에 자신의 마술 연필을 어딘가에 떨어뜨렸기 때문이었지.
몇 주 있다가 그는 다시 여행을 떠났는데, 이번에는 그리 오래 걸리지 않았지.
"연필을 찾았어! 이제 연필은 다시 내 거야!"
레크너 왕은 신이 나서 노래를 불렀네.
그리고 바로 그 연필로 당신이 실패할 수밖에 없는 이 시험을 만들어냈지.
절망한 당신이 감옥을 벗어나려면 왕과 결혼하는 방법밖에 없다는 걸 알도록 말이지.

레크너 왕의 비밀 상자가 어디에 있는지는 아무도 모른다네.
그러나 나는 영리한 스파이.
지금까지 모든 것을 꿰뚫어보는 나의 눈은 틀린 적이 절대 없지.
그래서 레크너 왕이 자기의 '손님'을 멋지게 속였다고 자랑하는 것을 들었을 때
나는 당신을 돕기로 결심하고 그 비밀 상자가 있는 곳으로 천천히 잠입했지.
당신은 지금까지 수많은 수수께끼를 풀었고, 이제 하나만 남았네.
나, 마고트는 해야 할 일을 다 했으니, 이제 나머지는 당신에게 달려 있네.

아이들은 외눈박이 친구가 은색 바탕에 작은 파란색 숫자들이 씌어 있는 연필 한 자루를 제이든에게 건네주는 것을 보았다. 끝에는 지우개 대신 성 모형이 붙어 있었다.

알렉스가 자리에서 벌떡 일어섰다. 그 바람에 책상 위의 종이가 흩어졌다. 알렉스는 너무 큰 충격을 받은 나머지 입 밖으로 아무 소리도 내지 못하고 입술만 덜덜 떨었다. 조금 지난 뒤에 마치 댐을 뚫고 터져 나오는 물처럼 알렉스의 격앙된 목소리가 방 전체에 울려 퍼졌다.

"저기 있다! 그 마술 연필이야! 이제야 저게 어디서 왔는지 알았어. 내가 버스 정류장에서 주웠던 연필은 바로 레크너의 마술 연필이었어. 그날 아침에 내가 들은 발소리는 바로 레크너의 것이었고. 레크너가 투명 망토를 쓰고 내 옆을 지나가다가 연필을 떨어뜨린 게 틀림없어. 그리고 내 사물함을 뒤져서 다시 훔쳐간 거야."

모든 것이 딱딱 맞아떨어졌다. 더욱 놀라운 것은 책 속에서만 사는 줄 알았던 존재들이 현실 세계에도 나올 수 있다는 사실이었다. 아이들은 한동안 아무 말도 하지 않았다.

"외눈박이 친구의 말에 의하면……."

샘이 말했다.

"그러니까 이 수수께끼들을 풀게 한 것 자체가 미끼에 불과했다는 말이잖아. 수수께끼를 계속 풀게 해서 제이든을 지

치게 만든 다음, 이 마지막 관문에서 그녀를 절망에 빠뜨리려는……."

그때 바네사가 소리쳤다.

"얘들아, 우리 괴물 친구의 이름 좀 봐!"

알렉스와 샘이 외눈 괴물의 이야기를 다시 읽어 보았다. 또 다시 알렉스가 자리에서 벌떡 일어섰다.

"마고트! 그 시험 문제 말이야! 이 외눈박이 괴물이 바로 마고트였어. 정말 좋은 괴물, 아니 정말 좋은 친구잖아!"

"수수께끼는 하나 풀었네."

샘이 말했다.

"그렇지만 우리는 아직 400번 방에 있어야 할 수수께끼를 찾지 못했어. 도대체 어떻게 제이든이 이 문을 열고 나가도록 도와주지?"

다시 침묵이 흐른 뒤에 바네사가 말했다.

"한 가지는 분명해. 우리의 친구 마고트는 자기가 할 수 있는 일은 모두 했다고 말했어. 그러니까 이번에는 그의 도움을 구하기가 어려워."

바네사의 말에 알렉스가 대꾸했다.

"그렇지만 앞으로 나아가는 것도 역시 의미가 없어. 마지막 방 뒤에는 책 뒤표지밖에 남은 것이 없……."

책 뒤표지를 살펴보던 알렉스가 갑자기 말을 멈추었다. 샘과 바네사는 알렉스의 말을 멈추게 한 것이 무엇인지 보려고 턱을 낮추었다. 책 뒤표지에는 작은 문이 하나 있었다. 그냥 그림이 아니라 조그마한 경첩과 작은 은 손잡이가 달린 진짜 문이었다. 손잡이 옆에는 아이들이 조금 전에 반대쪽 면에서 보았던 것과 똑같은, 1부터 60까지의 숫자가 있는 다이얼이 달려 있었다. 알렉스는 그것을 손가락으로 살짝 움직여 보았다. 다이얼이 돌아갔다.

"이건 정말 이상한데."

알렉스가 말했다.

"내가 지금까지 책 뒤표지를 한두 번 본 게 아닌데, 여기서 이런 문을 본 기억이 안 나."

그때 아이들은 그 다이얼 주변을 원형으로 둘러싸면서 희미하게 새겨져 있는 글을 보았다.

나를 열려면 두 개의 숫자를 알아야 한다. x와 y.

그리고 세 번째 숫자가 또 있다. 42.

이제 내가 분명하게 알려 주지.

x와 y가 더해지면 42의 절반이 된다.

그리고 y는 x의 2배이다.

더 이상은 말해 줄 수 없다.

마고트

“x와 y는 숫자가 아니잖아!”

샘이 말했다.

“이 수수께끼는 우리 능력 밖이야.”

바네사가 고개를 저으며 말했다.

“마고트가 여기에 수수께끼를 내지 않는 편이 더 나을 뻔했어.”

알렉스가 한숨을 쉬었다.

“이걸 우리가 어떻게 풀어. 우리 형 교과서를 본 적이 있는데, 이렇게 어려운 수학을 ‘대수학’이라고 하는 것 같았어.”

“아, 그렇지만 마고트가 제이든한테 그 마술 연필을 주었잖아.”

바네사가 알렉스와 샘의 기억을 되살려 주었다.

“그거? 그건 단지 마지막 페이지의 그림일 뿐이야.”

샘이 말했다.

“정말 그럴까?”

바네사가 미소를 지으면서 책의 400번 방이 있는 페이지를 펼쳤다. 그런데 그 페이지에 마술 연필이 끼어 있었다. 그림이 아닌 진짜 연필이! 마술 연필은 알렉스가 마지막으로 보았을 때보다 짧아져 있었고, 연필 심 끝도 닳아 있었다.

알렉스가 그 연필을 샘에게 주었다.

“이거 받아. 오래전부터 너한테 주고 싶었어.”

"고마워."

샘이 깨끗한 종이 위에 연필 끝을 댔다. 그러자 연필이 저절로 답을 쓰기 시작했다.

$$(x+y)\times 2=42$$
$$42\div 2=21$$
$$x+y=21$$
$$x\times 2=y$$
$$x+(x\times 2)=21$$

여기까지 쓰고 나서 연필이 멈추었다. 샘이 연필을 들어 보았더니 심이 완전히 닳아 있었다.

"연필 좀 깎아야겠는데."

샘이 말했다.

"샘, 조심해."

샘이 연필을 책상 위에 있는 자동 연필깎이에 넣는 순간 알렉스가 주의를 주었다.

"연필을 너무 꾹 누르지 마."

"걱정 마."

샘이 말했다.

"나도 자동 연필깎이는 많이 써 봤거든."

샘이 연필을 연필깎이에 끼웠고, 그리고…….

"도와줘!"

샘이 미친 듯이 연필 빼내려 하면서 비명을 질렀다.

"연필이 끼였어!"

연필깎이가 사정없이 돌아가면서 아이들의 마지막 남은 몇 센티미터의 희망을 먹어치우고 있었다. 알렉스가 연필을 빼내려고 아무리 잡아당겨도 소용없었다. 연필 끝에 달려 있던 성의 탑 말고는 남아 있는 것이 아무것도 없었다.

"정말 미안해."

망연자실한 샘이 말했다. 연필의 잔해를 들고 있는 알렉스도 똑같은 상태였다.

하지만 바네사는 언제나처럼 낙천적이었다.

"이런 식으로 한번 생각해 봐. 마술 연필은 아마도 수수께끼의 가장 어려운 부분을 해결해 주었을 거야. 나머지는 우리가 해 보는 게 어때?"

"그래, 못할 것 없지."

샘이 주먹을 쥐었다.

"여기서 물러설 수는 없어."

알렉스는 조심스럽게 그 작은 성의 탑을 내려놓고 마술 연필이 풀다 만 답을 자세히 들여다보았다.

"x들하고 y를 빼놓고 생각하면 괄호들 말고는 별로 다를

게 없는 것 같은데. 너희들 혹시 이 괄호들이 무얼 뜻하는지 아니?"

샘과 바네사가 고개를 저었다.

"너희 형한테 물어보면 어떨까?"

샘이 물었다.

"절대 안 돼! 놀란 형은 내가 이걸 왜 물어보는지 꼬치꼬치 캐물을 거야. 그러면 그걸 알아내기도 전에 형이 먼저 이 방에 들어와 있을걸! 지겨워."

알렉스가 단호하게 말하더니 갑자기 바네사 쪽을 쳐다보았다.

"그런데 바네사 네가 물어보면 혹시 몰라. 왜 그런지 모르겠지만, 형은 네가 있으면 항상 점잖게 행동하더라."

바네사가 얼굴을 붉혔다. 샘과 알렉스는 바네사의 반응을 재미있어 했다.

바네사는 싫어하면서도 놀란에게 갔다. 그리고 잠시 후 의기양양한 표정으로 돌아왔다.

"괄호는 그 부분을 먼저 계산하라는 표시야."

바네사가 말했다.

"그리고 문자들은 우리가 아직 모르는 숫자들을 의미해. 이런 문제를 다루는 수학을 대수학이라고 그런대. 요점은 이미 알고 있는 숫자들과 주어진 문자들을 이용해서 방정식을 세운 다음 그 주어진 문자들의 값을 알 수 있을 때까지 방정식을 계속 변형한다는 거야."

샘과 알렉스는 감탄한 듯 입을 쩍 벌린 채 바네사를 쳐다보았다.

"잘했어, 바네사."

샘이 말했다.

"이제 다시 해 보자."

바네사가 활짝 웃으며 말했다.

"마지막 부분인 $x+(x\times2)=21$을 빼내서 x에 어떤 숫자들을 넣어 보자. 시작할 때는 우선 아무 숫자나 뽑아 봐."

알렉스가 말했다.

"5가 어때?"

샘이 말하고 쓰기 시작했다.

"5 곱하기 2는 10, 5 더하기 10은 15니까 5는 안 되네. 21과 같아야 하거든."

"그러면 6을 넣어 보자."

바네사가 말했다.

"6 곱하기 2는 12, 더하기 6은 18이야. 아직도 21이 안 되는데. 7인가?"

알렉스가 '$7+(7\times2)=21$'이라고 썼다.

"바로 그거야! 그러니까 x는 7이야."

샘이 말했다.

"그리고 y는 7의 2배가 되어야 하니까 14가 틀림없어. x는 7, y는 14. 합치면 21이 되고 21×2가 아직 모르는 숫자 42야. 그러므로 7하고 14는 모든 식에 잘 들어맞아."

"그리고 그들이 바로 그 조합의 첫 번째와 두 번째 숫자이고……."

알렉스가 결론을 지었다.

"수수께끼에 의하면 세 번째 숫자는 42이거든."

알렉스는 깊이 숨을 들이마시고 나서 책 뒤표지의 다이얼을 돌리기 시작했다. 왼쪽으로 두 번 빨리 돌리고 나서 7에서 고정했다. 그리고 다시 오른쪽으로 7을 지나 14에 멈출 때까지 한 바퀴를 완전히 돌렸다. 이어서 42에 갈 때까지 왼쪽으로 한 번 돌렸다. 이제 당기기만 하면…….

"먹히지가 않아!"

알렉스가 소리쳤다.

제이든 구조대는 절망에 빠졌다. 하지만 절망은 아주 잠깐 동안뿐이었다. 세 가지 숫자를 조합하는 방법은 여섯 개밖에 없었으며, 딱 들어맞는 조합인 14－42－7을 찾아내는 데 불과 이삼 분밖에 걸리지 않았다. 아이들은 '딸깍' 하는 소리를 들었다.

"자, 드디어 간다."

알렉스가 초조한 모습으로 친구들을 쳐다보고는 손잡이를

힘껏 잡아당겼다.

바로 그 순간, 전등이 번쩍이면서 곧바로 불이 나갔다. 곧 놀란의 짜증 섞인 목소리가 들려왔다.

"야, 좀 조심해! 나 지금 물리학 기말고사 공부하는 중이란 말이야. 누가 불 껐어? 알렉스, 너 지금 거기서 뭐 하는 거야?"

세 아이는 숨을 죽인 채 꼼짝 않고 있었다.

"전기가 나간 모양이군."

옆방에서 알렉스 아버지의 목소리가 들려왔다.

"퓨즈를 좀 체크해 봐야겠는 걸."

몇 분 후에 불이 다시 들어왔다. 아이들은 얼른 책을 들여다보았다. 뒤표지의 문이 활짝 열려 있었다.

서둘러서 마지막 페이지를 펼쳤다. 그 페이지는 텅 비어 있었다. 드디어 제이든은 자유를 찾은 것이다.

그런데 제이든은 대체 어디로 사라진 것일까?

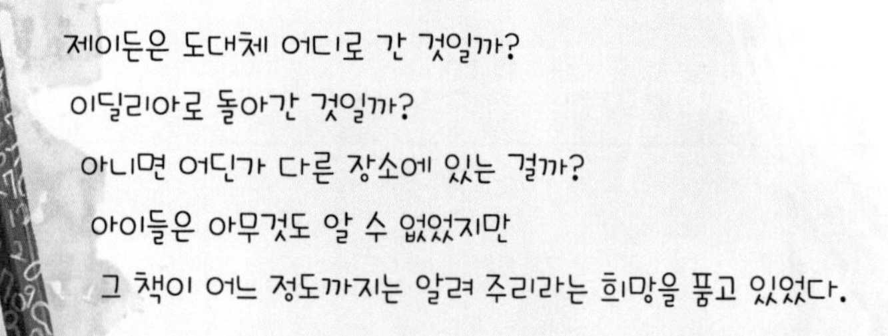

제이든은 도대체 어디로 간 것일까?

이딜리아로 돌아간 것일까?

아니면 어딘가 다른 장소에 있는 걸까?

아이들은 아무것도 알 수 없었지만

그 책이 어느 정도까지는 알려 주리라는 희망을 품고 있었다.

Chapter 8

와콘다 캠프

캠프장까지 가는 길은 매우 멀었다. 샘과 바네사, 알렉스는 거의 이야기를 나누지 않았다. 그동안 너무 많은 일이 일어났기에 세 아이는 그 모든 것에 대해 생각할 시간이 필요했다.

고속도로변의 들과 나무들은 끝없이 이어져 있었고 띄엄띄엄 농장이나 주유소가 보였다. 다른 자리에 있는 아이들은 무리 지어 노래를 부르거나 카드 게임을 하는 등 야단법석이었다.

전날 밤 알렉스는 세심하게 짐을 챙겼다. 옷, 비치 타월, 챙이 달린 모자, 선글라스, 방충제, 자외선 차단제, 그리고 기타 필요한 물품들을 여행 가방에 차곡차곡 담았다. 마지막으로 《제이든 구출작전》을 넣었다. 샘과 바네사가 그 책을 꼭 가지고 가야 한다고 주장했고 알렉스는 거기에 동의했다. 몇 주 동안 수수께끼를 풀며 도달했던 그 마지막 방에서 모험을 끝내고 싶지는 않았던 것이다.

제이든은 도대체 어디로 간 것일까? 이딜리아로 돌아간 것일까? 아니면 어딘가 다른 장소에 있는 걸까? 아이들은 아무 것도 알 수 없었지만 그 책이 어느 정도까지는 알려 주리라는 희망을 품고 있었다.

여행 가방 속에 담겨 있는 《제이든 구출작전》을 본 엄마가 물었다.

"정말 특이하게 생긴 책이네. 전에 본 적이 없는 건데. 어디서 났니, 알렉스?"

이번에는 여유 있게 대답할 수 있었다.

"도서관에서 빌려온 책이니까 연체료 걱정은 안 하셔도 돼요, 엄마."

알렉스는 재빨리 책 위에 운동복을 던져 넣고 덧붙여 말했다.

"그래서 내일 버스는 몇 시에 떠나요?"

"아참, 깜빡 잊고 못 알아봤네."

엄마가 대답하고는 급히 방을 나갔다. 알렉스는 안도의 한숨을 내쉬고 여행 가방을 잠갔다.

엄마가 아래층에서 말했다.

"버스는 여덟 시 삼십 분에 떠난대. 그러니까 우리는 적어도 여덟 시 정각까지는 주차장에 가 있어야 돼. 너, 오늘 일찍 자야 된다."

알렉스의 아빠가 알렉스에게 이불을 덮어 주면서 말했다.

"샘하고 바네사도 같이 가게 돼서 얼마나 좋니? 너희들은 금방 새 친구를 사귈 수 있을 거야. 나도 캠프에 갔을 때 처음에는 조금 외로웠던 기억이 나는구나."

알렉스는 조금 걱정이 되었다. 가족들과 같이 가지 않고 혼자서 여행을 떠나는 것은 이번이 처음이었다. 그는 스스로 모든 일을 헤쳐 나갈 수 있을 만큼 컸다고 생각하지만, 무슨 일이 생길지는 누구도 모르는 것이었다. 그러면서도 동시에 아침이 너무나 기다려졌다.

그리고 드디어 캠프로 떠나는 날 아침이 밝았다. 팬케이크로 아침을 먹고 마지막으로 짐을 다시 점검한 뒤 일곱 시 삼십 분에 알렉스와 가족들은 집을 나섰다.

버스들로 꽉 찬 주차장에 도착하고 나서 알렉스는 엄마, 아빠와 포옹한 후 7번 버스에 올랐다.

"도착하자마자 전화할게요!"

버스는 스쿨버스하고는 많이 달랐다. 좌석은 천으로 덮인 편안한 것이었으며, 햇빛 차단이 되는 큰 창문에 팔걸이, 에어컨이 갖추어져 있었고, 뒤편에는 화장실도 있었다. 심지어는 텔레비전까지 달려 있었다. 정말 좋은데!

버스에 먼저 오른 샘과 바네사가 나란히 앉아 있었다.

"애들아, 안녕?"

알렉스가 인사를 건네고 통로를 사이에 둔 자리에 앉았다.

"그것 잊지 않고 가져왔지?"

샘이 상체를 숙여 작은 소리로 속삭였다.

“내 여행 가방에 속에 들어 있어. 어젯밤에 우리 엄마가 보시고 이것저것 물어보시는데, 겨우 빠져나왔다니까.”

“나는 아직도 걱정되는 게 한 가지 있어.”

버스가 움직이기 시작하자 바네사가 말했다. “레크너의 협박 말이야. 어떻게 아무런 일도 없이 끝날 수 있었던 거지?”

“웬 걱정?”

샘이 말했다.

“그건 레크너가 허풍을 떨었다는 거 아니겠어? 어쨌든 그 나쁜 마법사는 아무것도 할 수 없었을 거야.”

“나는 그렇게 생각할 수 없어.”

바네사가 말했다.

“레크너는 분명히 우리가 사는 세계에도 왔었어. 그랬으니, 알렉스가 마술 연필을 주울 수 있었던 거고. 조만간에 다시 나타날 것만 같아.”

와콘다 캠프에 도착했을 때는 이미 늦은 오후였다. 알렉스가 버스에서 내리자마자 제일 먼저 한 일은…… 모기한테 물린 것이었다. 방충 스프레이를 가져오길 정말 잘했어.

아이들 모두 베이지색 낚시용 모자를 쓴 한 남자에게로 몰려갔다. 그 남자는 두꺼운 콧수염이 있었고 얼굴에 항상 미소를 띠고 있었는데, 그 때문에 마치 한 마리 고양이처럼 보였다. 그가 입고 있는 티셔츠에는 '캠프 감독 제프'라고 씌어 있었다.

"와콘다 캠프에 잘 왔다!"

제프가 휴대용 스피커를 통해서 말했다.

"나는 이 캠프의 감독인 여러분의 다정한 제프다. 내 친구들은 나를…… 그냥 제프라고 부른다. 하하! 여러분 모두 오랫동안 버스를 타고 오느라 많이 지쳤을 것이다. 다음에는 캠프 위치를 시내에서 좀 더 가까운 곳으로 옮기도록 해 보겠다, 하하."

아이들은 너무 피곤해서 웃을 기력도 없어 보였다. 하지만 제프는 매우 멋있는 사람 같았다.

제프는 캠프 참가자들을 연령대로 분류해서 각 그룹별로 오두막집에 들여보냈다. 샘과 알렉스는 같이 지내게 되었지만 바네사의 오두막은 캠프의 반대쪽에 있는 여학생 숙소에 있었다. 알렉스와 샘, 바네사는 저녁식사 때 식당에서 만나기로 약속하고 헤어졌다.

오두막집은 무척 소박하지만 아늑했다. 천장, 바닥, 문, 창문 두 개 그리고 2층 침대가 여섯 개 있었다. 알렉스는 제일 먼저 시야에 들어온 침대의 위층 칸에 올라갔다. 샘은 같은 침대의 아래 칸에 털썩 드러누웠다. 드디어 여름이 온 것이다.

며칠 지나자 알렉스와 바네사, 샘은 와콘다 캠프에서 영원히 머무를 수도 있겠다고 생각할 만큼 캠프를 좋아하게 되었다. 캠프는 아이들이 상상했던 그 이상이었다.

샘이 가장 열중한 것은 요트 조종이었다. 알렉스와 바네사는 매일 아침 식사 후에 샘이 어디로 가는지 물을 필요조차 없었다. 샘이 그 시간에 가는 곳은 선창뿐이기 때문이었다.

캠프에 온 첫 번째 주말이 되자 샘은 요트 내부의 각 부분 명칭을 줄줄 말할 수 있었고, 열 가지의 매듭을 묶을 수 있게 되었으며, 알렉스와 바네사에게 매듭 묶는 시범을 싫증내지도 않고 계속해서 보여 주었다.

"그 정도면 전미 요트 조종 대회에 나가서 우승컵도 탈 수 있겠다."

샘이 전문가처럼 익숙하게 굉음을 내며 배를 출발시키는 것을 보고 바네사가 한마디 했다.

알렉스와 바네사는 수상스키를 제일 좋아했다. 수상스키는 생각했던 것보다 훨씬 쉬웠다. 처음에는 보드 한 개로 타기 시작했지만 곧 두발 스키를 타고 선 채로 호수를 돌았는데 고작 한두 번 정도 넘어질 뿐이었다.

2주째에 접어들자 아무도 스키를 타다가 넘어지지 않았으며 심지어는 한 손만으로 예인용 밧줄을 잡고 탈 수 있을 정도였다. 샘이 요트를 몰고 있을 때 요트 옆을 급격한 각도로 지나치면서 샘을 향해 손을 흔들어 줄 때마다 알렉스는 짜릿한 흥분을 느꼈다.

여러 날이 지났다. 바네사는 수상스키를 끌어당기는 보트가 일으킨 물살을 지그재그로 횡단하는 것을 가장 즐겼다. 알렉스로 말하자면, 마침내 밧줄을 자기 무릎 사이에 끼우고 샘에게 두 손을 흔들어 줄 정도까지 되었다.

남은 일과 시간은 미술과 공예, 게임, 하이킹, 양궁, 댄스와 같은 것들로 채워졌다. 저녁에는 보통 캠프파이어를 했으며, 활활 타오르는 불 옆에서 흘러나오는 노래는 끝없이 이어졌다. 샘이 소시지가 충분하지 않다고 불평을 하기는 했지만 음식도 좋은 편이었다.

아이들은 벌써 두 번이나 밤샘 카누 여행을 다녀왔다. 그들은 텐트에서 자면서 불에 핫도그를 구워 먹었고, 한 번은 지는 햇살 속에서 진짜 사슴이 호수를 가로질러 헤엄쳐 가는 것을 보기도 했다.

《제이든 구출작전》은 침대 밑 알렉스의 여행 가방 속에 안전하게 보관되어 있었다. 알렉스가 두어 번 책을 꺼내 살펴보았지만 특별히 새로운 점을 발견하지는 못했다. 제이든은 정말 아무런 흔적도 없이 사라져 버린 것 같았다. 그래, 좋았어! 아이들은 책임을 다했다. 400개의 수수께끼를 풀었고, 에메랄드 여왕을 탈출시켰다. 더 이상 할 일은 없었다. 게다가 캠프에 온 뒤로 하루하루 정신없이 지냈기 때문에 제이든 구조대 어느 누구도 그 책에 대해서 심각하게 생각하지 않게 되었다.

어느 날 아침, 알렉스는 오두막집 바로 옆에서 구구 울어대는 비둘기 소리에 잠에서 깼다. 알렉스는 꿈속에서 밤새도록 수상스키를 탔는데, 잠에서 깨었을 때 자신이 끝없는 바다를 향해 달려가는 초음속 수상스키 위에 있는 것이 아니라 침대 속에 있다는 사실을 발견하고는 크게 실망했다.

샘을 벌써 일어나서 옷을 입고 있었다.

"서둘러. 얼른 가서 아침밥 먹자. 오늘은 직접 쌍동선(선체가 둘인 배)을 조종해 봐도 된대."

식당에서 바네사는 벌써 토스트를 두 개째 굽는 중이었다. 그녀는 토스트에 땅콩버터와 갈색 설탕을 잔뜩 발랐다.

"왜 이렇게 늦었니?"

바네사가 물었다.

"이렇게 아름다운 아침햇살을 놓치고 싶어?"

자리에 앉아 시리얼에 우유를 부으면서 샘이 물었다.

"아침 먹고 뭐 할 거니, 바네사? 잠깐, 말하지 마. 혹시 알렉스하고 수상스키 탈 거니?"

"어떻게 알았어?"

바네사가 마치 깜짝 놀랐다는 듯이 말했다.

"그리고 너는 아마도…… 배를 타고 있겠지? 어때, 이만하면 족집게지? 네가 느릿느릿 모는 달팽이 배snail boat(요트를 나타내는 'sailboat'를 놀리는 의미에서 snail(달팽이) boat라고 말한 것이다—옮긴이)에서 보면 수상스키의 귀재들을 볼 수 있게 될 거야."

"달팽이 배라니?"

샘이 분개해서 소리쳤다.

"내 요트야말로 예술 작품이라는 사실을 너희들이 알게 해 주지. 너희들이 밧줄 끝에 매달려서 시끄럽고 냄새 나는 모터 악어의 꽁무니에서 마구 흔들리느라 정신없을 때 나는 마치 빛처럼 우아하게 물살을 가르며 미끄러져 나가는 거야!"

오늘도 역시 와콘다의 하루가 완벽할 것이라는 걸 의심하는 사람은 아무도 없었다.

수상스키를 타기 위한 선창에서 알렉스와 바네사는 구명조끼를 입고 줄을 섰다. 앞에서 기다리는 아이는 세 명뿐이었고, 뒤에는 아무도 없었다. 그것은 알렉스와 바네사가 한 바퀴 더 추가로 돌 수 있다는 사실을 의미했다.

두 아이는 호수 저쪽 편에 있는 요트 선창에서 샘이 빨간색과 흰색으로 칠해진 쌍동선을 출발시키기 위한 준비를 하고 있는 모습을 볼 수 있었다.

수상스키 탈 차례가 되자 바네사는 모든 고정 장치를 풀었다. 바네사는 보트가 지나가는 자리를 가로지르는 것이 아니라 아예 그 위로 날아가고 있었다. 왼쪽 오른쪽 왼쪽 오른쪽, 바네사는 보트 뒤에서 자신이 가는 길을 마치 바느질하듯 이어가서 스키 강사인 론을 감탄하게 만들었다. 뿐만이 아니었다. 엄지손가락을 올려서 배의 속도를 올려 달라는 신호를 보내기까지 했다. 바네사가 일으킨 물살이 샘이 타고 있는 쌍동선을 흔들어 놓았다.

이제 알렉스의 차례가 되었다. 그는 구명조끼의 잠금 장치를 점검하고 나서 바네사가 벗어 놓은 스키를 신고 물로 뛰어들었다. 모터가 윙윙 돌아갔고 밧줄이 팽팽해졌으며, 늘 그랬듯이 보트는 알렉스를 그가 가장 좋아하는 지점으로 끌어당기고 있었다.

하지만 알렉스가 물속에서 일어서서 기분 좋은 활강을 하려 할 때 희미하게 가위로 무언가를 자르는 소리가 들렸고, 보트에 이어진 밧줄이 끊어지고 말았다!

알렉스는 물속으로 가라앉았다. 입고 있던 구명조끼는 몸에서 벗겨져 어딘가로 떠내려가고 있었다. 알렉스는 점점 더 아래로 가라앉았다. 수면보다 훨씬 깊은 곳으로…….

알렉스는 물이 그토록 차갑다는 사실을 일찍이 느껴 본 적이 없었다. 신고 있던 스키마저도 벗겨져 버렸기 때문에 알렉스가 물에 뜰 수 있도록 도움이 될 만한 것은 아무것도 없었다.

알렉스는 원래 수영을 잘하는 편이었다. 하지만 갑작스럽게 심한 충격을 받은 상태였기 때문에 그는 어디가 위쪽인지 종잡을 수가 없어서 물속에서 허둥지둥했다. 주변은 온통 어둠뿐이었다.

그때 머리 위쪽으로 한 줄기 빛이 보였다. 알렉스는 필사적으로 팔과 다리를 저으면서 빛을 향해 헤엄쳐 올라갔다.

수면 위로 떠오르자마자 알렉스는 헐떡이면서 잠시 공기를 마셨지만 다시 물을 잔뜩 먹고 가라앉았다.

갑자기 머리 위에서 뭔가 철벅거리는 소리가 들려왔다. 다시 공기를 마시기 위해 싸우는 동안 알렉스는 다행히 구명 튜브에 부딪쳤다.

알렉스는 살기 위해서 그 오렌지색 고리에 필사적으로 매달렸다. 알렉스는 낯빛이 창백했고 토하기 일보 직전이었다. 턱이 덜덜 떨리며 이가 사정없이 부딪쳤다.

론과 보트는 어디 있는 거지? 다리에 감각이 없었다. 알렉스는 구명 튜브를 더욱 단단히 잡았다. 심한 두려움으로 인해 경련이 일었고, 정신은 희미해져 갔다.

바로 그때, 누군가의 강한 손이 알렉스를 붙잡아 물속에서 건져냈다. 론이었다. 론은 마치 자기 자신이 물에 빠져 익사 직전까지 간 것처럼 얼굴이 창백해진 채 알렉스를 보면서 물었다.

"괜찮니? 말을 해 봐라! 숨을 쉴 수 있어? 지금 내가 손가락을 몇 개 펴고 있니?"

알렉스는 모터보트 한가운데 누워 물을 토하면서 울음을 터뜨렸다. 그날은 결국 알렉스가 기대했던 만큼 완벽한 날이 될 수 없었다.

스키 부두에 돌아온 알렉스는 부축을 받으면서 보트에서 내렸다. 바네사가 옆에 앉아서 알렉스의 어깨에 수건을 둘러 주었다. 곧 샘도 달려왔다. 샘은 호수 한복판에서 모든 것을 목격하고는 쌍동선을 정박시키고 최대한 빨리 달려온 것이었다.

몇 분이 지나자 알렉스는 조금 나아졌다. 창백한 얼굴에 핏기가 돌기 시작했고, 몸이 떨리는 것도 멈췄다.

사고에 대한 보고를 받은 캠프의 감독 제프가 급히 도착했다.

"어떻게 된 거니?"

제프가 물었다. 제프는 더 이상 행복한 한 마리의 고양이처럼 보이지 않았다.

"괜찮니?"

알렉스가 고개를 끄덕였다.

론이 더듬더듬 설명을 하는데, 굉장히 당황해 있었다.

"저, 저…… 저는 이런 일이 일어난 것을 전에는 한 번도 본 적이 없어요. 그 밧줄은 새것입니다. 제가 2주 전에 샀거든요. 아직도 그 영수증을 갖고 있어요."

제프가 론에게서 밧줄을 건네받아 유심히 살펴보았다.

"아니, 이건 잘려 있잖아! 론, 나는 이런 일은 질색이네. 우선 수상스키를 당분간 중지하세. 도대체 여기서 무슨 일이 일어난 건지 분명히 알아야만 해."

알렉스와 바네사, 샘도 그 밧줄을 보았다. 밧줄이 잘렸다는 사실에는 의심할 여지가 없었다. 밧줄은 무언가 예리한 것에 깨끗하게 두 부분으로 절단되어 있었다.

어떻게 그 튼튼한 밧줄이 호수 한복판에서, 그것도 움직이고 있는 보트 뒤에서 잘릴 수 있을까?

"그리고 네 구명조끼는 어떻게 된 거니?"

론이 물었다.

"네가 직접 입었잖아."

"확실히 입었어요."

알렉스가 대답했다.

"심지어 안전띠를 두 번이나 확인했는 걸요."

"자자, 내가 말했듯이 수상스키는 당분간 금지한다. 해변에 표시를 붙여 놓을 거야."

제프가 한숨을 쉬면서 손으로 알렉스의 머리를 쓰다듬었다. "너는 간호사한테 가 봐야 할 것 같구나."

"그럴 필요 없어요. 이젠 괜찮은 걸요. 제 걱정은 마세요."

알렉스는 미소를 지어 보였다. 그리고 론에게 말했다.

"정말 감사합니다. 제때에 와 주셔서 다행이었어요."

"나한테는 절반만 고맙다고 해라."

론이 말했다.

"구명 튜브를 던져 준 사람은 바네사거든."

알렉스는 바네사를 힘껏 껴안았다. 바네사가 알렉스의 귀에 대고 조그맣게 말했다.

"또 한 사람 구조했네."

론과 제프는 바네사와 알렉스, 샘을 부두에 남겨 놓고 떠났다. 아이들도 막 일어서려고 했다. 그런데 그 순간, 갑자기 둑 아래로부터 뭔가가 끓어오르는 듯 쉭쉭거리는 소리에 멈춰 섰다.

아이들은 호수 속을 들여다보고는 그 자리에 얼어붙고 말았다.

희미하게 빛나는 호수 깊은 곳에서 레크너의 얼굴이 정면으로 아이들을 쏘아보고 있었다.

그는 제이든에게 청혼했다가 거절당했을 당시의 그림에서처럼 몹시 화가 난 표정을 짓고 있었다.

바네사는 공포로 숨이 막혔다.

“올 것이 왔어. 나는 아직 끝나지 않았다는 걸 알고 있었어.”

스키 부두나 그 주변 어디에서도 사람은 보이지 않았다. 론은 모터보트를 끌고 어딘가로 갔으며, 안전관리요원은 요트 선창 주변에서 뭔가를 바쁘게 하고 있었다.

알렉스, 샘, 바네사는 마치 자신이 호수 속에 있는 그 기분 나쁜 얼굴로부터 시선을 돌릴 수 없도록 거기에 그대로 핀으로 고정되어 있는 것처럼 느껴졌다.

그 순간, 그 얼굴이 금속성의 쉰 목소리로 말하기 시작했다. 그 목소리는 이 세상이 아닌 다른 곳에서부터 들려오는 것만 같았다.

허풍이라고…… 너희들이 그랬던가? 레크너가 허풍을 떤다?

게임은 끝났고, 너희들은 충분히 게임을 즐겼다.

이제 너희들이 한 짓에 대한 대가를 치를 시간이다.

스스로를 속이지 마라. 너희들은 승리하지 못했다.

너희들이 내 연필과 신부를 훔쳐갔지.

그러고도 도망쳐서 숨을 수 있다고 생각했는가?

글쎄, 다시 한 번 생각해 보거라.

나는 일단 내 것이 된 것을 잃을 게임은 하지 않아.

누구라도 레크너의 것을 훔치는 자는 눈물을 흘리지.

내가 너의 밧줄을 잘랐다. 너는 물에 떠 있을 수가 없었지.

나는 그 모터보트를 침몰시킬 수도 있었어.

내가 이미 한 번 경고했지만,

그래도 나는 너희들에게 기회를 한 번 더 주겠다.

만약 7일 후에 제이든을 내 앞에 데려다 놓지 못한다면,

대신 너희 셋을 데리고 가겠다.

그 영상은 점점 흐려지더니 결국 수면에는 구름과 태양만이 남아 있었다. 아이들은 완전히 공포에 질려서 서로의 얼굴만 쳐다보았다.

"제이든은 절대로 레크너의 신부가 아니었어!"

샘이 소리쳤다.

"거짓말쟁이!"

"그리고 우리도 그녀를 데리고 있지 않거든."

바네사가 생각에 잠긴 채 말했다.

"레크너는 그녀가 우리와 함께 있다고 철석같이 믿고 있나

봐. 내 생각에 제이든은 이딜리아에도, 레크너 왕국에도 없는 것 같아. 제이든은 곧바로 그 책 밖으로 나간 것이 틀림없어."

"네가 말하고 싶은 요점은 뭐니?"

샘이 물었다.

"우리는 현실을 똑바로 볼 줄 알아야 해."

바네사가 매우 침착한 어조로 말했다.

"만약 제이든이 책을 통해서 레크너의 지하 감옥에서 나올 수 있었다면, 우리도 같은 식으로 아주 간단하게 레크너의 지하 감옥으로 끌려갈 수 있다는 거지."

"맞아."

알렉스가 고개를 끄덕였다.

"우리가 지금까지 겪어 온 일을 통해서 생각해 볼 때, 그럴 가능성은 충분해."

이번에도 어른들의 도움을 구하는 것은 아무런 의미가 없다는 사실에 아이들은 합의했다. 마법의 책에서 탈출한 여왕을 놓고 세 명의 캠프 단원들을 협박하는 마법사란, 어른들에게는 별로 위급 상황이 될 것 같지 않았기 때문이다.

"우리, 오두막집으로 돌아가자."

알렉스가 말하면서 천천히 일어섰다. 다리가 아직도 뻣뻣해서 잘 움직이지 않았기 때문에 알렉스는 샘의 어깨에 기댔다.

그들 세 명 모두는 동시에 마지막으로 몇 분 전 레크너의 영상이 떠올랐던 부분의 수면을 보았다. 하지만 호수 표면의 고요함을 흩뜨렸던 마법은 흔적도 없었다.

비록 너희들 모두가 위험에 처해 있지만
내가 그 악당의 마법에 대항할 수 있는
방법을 한 가지 알려 줄게.
너희들이 한 걸음도 물러서지 않고
이길 수 있는 방법을.

Chapter 9

블렉웰 섬

이런 상황에서는 한 괴물 친구의 충고가 절실했다. 샘과 알렉스는 오두막집에서 《제이든 구출작전》을 여행 가방에서 꺼내 도움을 기대할 수 있는 유일한 페이지를 펼쳤다. 바로 외눈박이 괴물 친구 마고트의 방이었다. 그리고 역시 마고트는 알렉스와 샘을 실망시키지 않았다. 마고트의 왼쪽 손에 들려 있는 두루마리에 그들을 위한 긴급 메시지가 있었다.

비록 너희들 모두가 위험에 처해 있지만
내가 그 악당의 마법에 대항할 수 있는
방법을 한 가지 알려 줄게.
너희들이 한 걸음도 물러서지 않고
이길 수 있는 방법을.
비밀의 단어 한 개를
레크너의 사악한 얼굴에 대고 말해 주면
레크너는 이 황폐한 곳에

영원히 갇히게 되어 있단다.

나는 이 놀라운 반격용 마법을

직접 공개할 수는 없어.

그랬다간, 그것은 효력을 상실할 것이고

마법사는 아무런 해도 입지 않을 것이야.

너희들은 수수께끼를 풀어서 이 비밀의 단어를 알아내야 한다.

풀어야 할 어려운 문제가 일곱 개 있다.

그리고 이 일곱 개의 답을 더해서

너희들의 반격을 준비하라.

“그러니까 우리가 할 일은 이 마법의 단어를 알아내는 게 전부네.”

알렉스가 말했다.

“그리고 레크너는 바로 자신의 지하 감옥에 갇히게 될 거고.”

샘이 투덜거렸다.

“그거야말로 마땅히 그가 받아야 할 벌이지. 그런데 마고트가 그냥 그 주문을 우리한테 말해 주고 그대로 끝을 낸다면 정말 좋을 텐데 말이야.”

“그렇지만 너도 보았잖아.”

알렉스가 초조한 표정으로 말했다.

“마고트는 그 주문을 직접 알려 주면 아무런 효과가 없을 거라고 했어. 이건 보물찾기와 같은 거야. 우리가 노력해서 찾아야 한다는 거지. 내가 읽은 모든 판타지소설에서는 항상 이런 식으로 진행되었어."

하지만 샘은 쉽게 납득할 수 없는 모양이었다.

"그렇지만 우리는 얼마 전에 보물찾기 하나를 끝냈잖아. 수수께끼 400개를 푼다는 건 보통 일이 아니란 말이야."

"글쎄, 우리한테는 선택의 여지가 별로 없어."

알렉스가 말했다.

"그리고 우리는 외눈박이 괴물 친구 마고트가 도와주는 것에 대해서 고맙게 생각해야 해."

캠프의 모든 아이들이 갑자기 오두막집으로 몰려들었다. 아이들은 모두 그날 있었던 수상 스키 사고에 대해서 들어 알고 있었다. 아이들은 알렉스를 둘러싸고 질문을 퍼부었다. 혹시 괴물이 있었던 건 아닌지, 어떤 미친 잠수부가 물 밑에 숨어 있다가 밧줄을 자른 건 아닌지, 물에 빠져 허우적거릴 때 지금까지 살아온 장면이 파노라마처럼 스쳐 지나갔는지, 또 다시 수상 스키를 탈 것인지 등등.

알렉스가 이 달갑지 않은 공격에 대처하고 있는 동안 샘은 재빨리 책을 치웠다.

구조대는 이제 다른 종류의 문제를 떠안게 되었다. 수수께끼 일곱 개를 풀려면 충분한 시간과 어느 누구에게도 방해받지 않을 조용한 장소가 필요했다. 언제, 그리고 어디에서 문제를 풀 것인가! 곧 모든 아이들이 점심식사를 하러 갈 것이고, 그 후에는 오후의 활동이 예정되어 있었다. 이어서 저녁식사와 캠프파이어가 있었다. 그리고 밤 아홉 시 정각에 소등이었다.

"한 가지는 확실해."

점심식사 후에 장애물 훈련장으로 가고 있을 때 알렉스가 말했다.

"우리는 낮 동안에는 수수께끼를 풀 시간을 낼 수 없을 거야."

"나한테 생각이 있어."

바네사가 말했다.

"밤중에 오두막집에서 몰래 빠져나오면 어떨까?"

"그렇지만 우리가 용케 교관들을 피해 빠져나왔다고 해도, 야간 순찰이 있어. 우리가 숨어 있는다 해도 별 수 없이 그들에게 들키고 말걸. 우리가 켜 놓은 손전등 빛을 절대 놓칠 리가 없잖아."

"하지만 우리가 블랙웰 섬에 있다면 절대 그런 일은 일어나지 않을 거야!"

샘이 외쳤다.

"내가 보트 보관하는 창고의 여분 열쇠를 어디에 두는지 알거든. 저녁에 열쇠 한 개를 빌려서 배를 타고 블랙웰 섬으로 가는 거야. 거기라면 아무도 우리를 방해하지 않을 테니까."

"그렇지만 블랙웰 섬은 캠프 지역이 아니잖아."

알렉스가 반대 의견을 내놓았다.

"제프 아저씨가 거기는 사유지라고 했던 거 잊었니?"

"알아. 하지만 제프 아저씨는 그 섬이 무인도라는 말도 했거든. 그러니까 내 생각에는 아무런 문제가 없을 거 같아."

샘이 의기양양하게 말했다.

알렉스는 잠깐 망설였지만, 결국 샘의 의견에 찬성했다.

"좋아. 그럼 오늘 밤에 가자. 밤 열한 시에 부두에서 만나자."

"절대 안 돼!"

바네사였다.

"나 혼자서 숲 속을 걸어가야 한다고 생각하면……."

"맞아."

알렉스가 말했다.

"나라도 그렇게는 못할 거야. 미안해. 대신 우리가 열한 시 직전에 너를 데리러 갈게. 너희 오두막 옆에 있는 커다란 떡갈나무 뒤에서 기다리고 있어. 그리고 네 침낭에 뭔가를 넣어 두는 게 좋을 거야. 마치 네가 그 안에서 자고 있는 것처럼 보이게 말이야. 안 그러면 교관들이 갑자기 침대를 확인

할지도 모르니까."

그날 밤 캠프파이어 때 알렉스, 샘, 바네사는 가슴이 조마조마해서 아이들과 어울려 노래도 제대로 부르지 못했고 마시멜로도 많이 구워 먹지 못했다. 아이들은 제일 먼저 오두막으로 돌아가서 침대에 누웠다.

하지만 밤 10시 49분은 너무나 빨리 다가왔다. 알렉스와 샘은 침낭에 옷을 몇 벌 넣어 두고는 오두막을 빠져나왔다. 그 시간의 숲은 산책하기에 결코 좋은 장소가 아니었다. 게다가 알렉스와 샘은 가장 중요한 《제이든 구출작전》을 두고 나오는 실수를 저질렀다. 불안한 상태에서 서둘러 나오느라 책을 샘의 베개 밑에 두고 온 것이었다.

샘과 알렉스는 최대한 서둘러서 오두막으로 돌아갔다. 그 와중에 교관인 릭을 깨울 뻔했다. 릭이 뒤척일 때 알렉스와 샘은 숨을 멈추었다. 잠시 릭은 다시 낮게 코를 골기 시작했다.

알렉스와 샘은 조용히 발끝으로 걸어가서 《제이든 구출작전》과 연습장, 그리고 펜 몇 자루를 알렉스의 배낭에 넣고 여학생들 숙소 쪽으로 향했다. 그들은 들키지 않으려고 거의 네 발로 기어가다시피 했다.

알렉스와 샘이 바네사의 오두막집 근처에 도착하자마자, 바네사가 높이 솟아 있는 떡갈나무 그늘에서 걸어 나왔다.

"기분이 어때, 바네사?"

알렉스가 물었다.

"별로 안 좋은 것 같아."

바네사가 눈에 보일 정도로 떨면서 말했다.

"신발을 떨어뜨리는 바람에 교관을 거의 깨울 뻔했어."

"너도 우리 꼴을 봤어야 하는데."

샘이 말했다.

"얘들아, 요트 부두로 갈 때 내가 이용하는 지름길로 가자. 야간 순찰원들이 그 길을 자주 이용하지 않길 바랄 뿐이야. 그 길은 농구장을 지나가야 하는데 꽤 가파르거든."

바로 그때, 나무들 사이로 손전등 빛이 그들 쪽으로 오는 것이 보였다. 아이들은 화장실 뒤로 재빨리 숨었다. 야간 순찰원들은 아이들이 간신히 몸을 숨기고 있는 풀숲 전방 약 1미터 앞으로 지나갔다. 그 뒤로 더 이상 야간 순찰원은 보이지 않았고 아이들은 5분쯤 뒤 호숫가에 도착했다.

불길하고 검은 구름이 밤하늘에 낮게 드리워져 있었지만 언뜻언뜻 고개를 내미는 달빛 덕분에 배들을 뚜렷하게 볼 수 있을 만큼 밝았다. 약간의 미풍이 불어와 부두 아래의 물결이 일렁이고 있었고, 배들은 마치 거대한 백조들처럼 앞뒤로 흔들리고 있었다.

아이들은 유선형의 쌍동선을 타고 싶었지만 곧 마음을 바꿔서 작은 녹색 보트들 중 하나를 골랐다. 만약 야간 순찰원들이 호숫가로 내려올 경우 쌍동선이 없어진 것은 금방 표가 날 것이기 때문이었다.

샘은 마치 전문가처럼 배의 모든 장비를 맞추고 돛을 단 후에 배 위에 뛰어올라 작은 소리로 말했다.

"준비됐어."

샘은 매끄럽고도 조용하게 배를 조종하여 캠프장 앞 호수의 오목한 부분을 빠져나와 블랙웰 섬으로 향했다. 알렉스와 바네사는 샘이 모는 배를 보고 '달팽이 배'라고 놀렸던 것을 후회했다. 샘은 침착했고, 배의 속도는 수상스키를 탈 때와 별반 다르지 않았다. 샘은 자부심이 가득 차 보였다.

"우리가 모터보트를 탔더라면 절대 이렇게 조용히 빠져나오지 못했을 거야."

바네사가 말했다.

"샘 선장, 파이팅!"

30분 후, 세 명의 항해자는 블랙웰 섬의 후미진 곳에 도착했다. 샘은 호수 바닥에서 수면 밖으로 튀어나와 있는 커다란 통나무에 재빠르게 배를 묶고 돛을 내렸다. 머리 위로 배낭을 치켜든 채로 알렉스와 샘, 바네사는 얕은 물속을 걸어서 호숫가로 향했다.

아이들이 섬에 도착해서 가장 먼저 발견한 것은 '출입 금지. 사냥 금지'라고 적혀 있는 커다란 팻말이었다.

그 외로운 섬은 매우 조용했지만 벌레들이 떼를 지어 날아다녔다. 게다가 아무도 벌레 퇴치용 스프레이를 가져올 생각을 못했기 때문에 곤욕을 치러야 했다. 오늘 밤에는 그다지 유쾌한 경험을 하지 못할 것이 뻔했다.

섬 안쪽으로 몇 분 동안 걸어 들어간 끝에 마침내 책을 올려놓기에 딱 좋은 평평한 나무 그루터기가 있는 넓은 장소를 발견했다. 알렉스와 샘은 연필과 종이, 책을 꺼냈다.

"바네사, 네 가방에는 뭐가 들어 있니?"

샘이 바네사의 불룩한 배낭을 가리키며 물었다.

"너희들, 내가 매점에서 간식거리를 사 올 거라고는 예상하지 못했지, 그렇지?"

바네사가 배낭 속에 들어 있는 내용물을 바닥에 털어놓자 소년들은 너무 신이 나서 왜 자기들이 블랙웰 섬에 와 있는지조차 잊어버릴 지경이었다. 주스 3병, 바나나 3개, 초콜릿바 3개와 커다란 봉지에 든 땅콩이 나무 그루터기 주변에 쏟아졌다. 이 정도면 파티를 해도 되겠어! 그러다가 알렉스의 손전등 불빛이 작고 납작한 카드에 멈추었다. 그것은 확실히 아이들의 야식거리는 아니었다.

"이거 정말 웃기는데……."

바네사가 그 카드를 집어 들면서 말했다.

"이건 내 도량형 측정표야. 분명히 내가 학교 가방 속에 넣은 채 집에다 두고 왔거든. 이런 건 여름 캠프에서는 절대 필요 없을 거라고 생각했기 때문에 분명히 기억해."

세 아이는 서로 시선을 교환했다.

"그게 어떻게 네 배낭에 들어갔는지 누가 알겠냐만……."

샘이 말했다.

"어쩌다가 운 좋게 딸려 들어간 것은 아닌 것 같다."

이제 아이들은 책을 펼칠 준비가 되었다. 기대했던 대로 외눈박이 괴물 친구 마고트가 거기에 기다리고 있었다. 그리고 이번에는 마법의 단어에 관한 예전 메시지 대신에 첫 번째 수수께끼가 기다리고 있었다.

어느 날, 다섯 마리의 배고픈 물고기가

뭐 먹을 것이 없나 살피면서 헤엄을 치고 있었지.

그들은 새우 한 마리나 두 마리쯤은 잡을 수 있으리라 생각했네.

그 정도면 실컷 먹을 수 있을 거야.

물고기들을 몸무게 순서대로 늘어놓으면

각 물고기는 바로 앞에 있는 물고기 몸무게의 3배였지.

이런 상황은 곧바로 위기 상황을 불러왔네.

배가 너무 고파진 두 번째 물고기가

더 이상 새우를 기다리지 않기로 결정하고는
마치 먹이라도 되는 것처럼
제일 작은 물고기를 꿀꺽 삼켜 버렸다네.
식욕이 동한 중간 물고기도
맛이 톡 쏘는 두 번째 물고기를
게걸스럽게 먹어치웠지.
두 번째로 큰 물고기도
시간을 낭비할 만큼 바보스럽진 않았네.
중간 물고기도 탐욕스럽게 먹히고 말았는데
맛이 기가 막혔지.
하지만 그 녀석의 행복도 거기서 끝이었지.
제일 큰 놈이 와서는 조금도 망설이지 않고
그 두 번째 물고기를 먹어 버렸기 때문이네.
마지막 홀로 남은 그 거대한 놈의 몸무게는 지금 몇 킬로그램일까?
그게 바로 내가 원하는 답이라네.
식사 직전 그 놈의 몸무게는
162kg이었지.

아이들은 마고트가 써 놓은 말을 보면서, 캠프에 오기 전 수수께끼를 풀던 시절이 아직 끝나지 않았음을 실감했다. 단지 지금은, 알렉스의 아늑하고 친숙한 방 대신, 어둠과 부스럭거리는 나뭇잎들과 수십억 마리의 배고픈 모기들에게 둘러싸여 있을 뿐이었다.

"잠깐만!"

바네사가 자신의 목덜미를 찰싹 때리면서 외쳤다.

"마고트가 이 수수께끼들을 풀면 마법의 단어를 알게 된다고 하지 않았어? 이건 우리가 벌써 여러 번 풀어 본 수수께끼들과 다를 것이 없는 것 같은데."

알렉스가 발목을 긁으면서 말했다.

"마고트는 우리가 알아낸 모든 답을 다 더하면 그 마법의 단어를 알 수 있다고 했어."

"여기서 어떻게 단어를 짜내지?"

샘이 자기 운동복에 달린 모자를 머리 주변에 더욱 단단히 조이면서 말했다.

"너희들 생각에 그 숫자들이 글자로 변할 것 같니?"

"안 될 것도 없지."

알렉스가 대답했다.

"우리는 지금까지 정말로 신기한 일들을 겪어 왔잖아."

"좋아. 알렉스 네 생각이 옳기를 바랄 뿐이야."

샘이 말하고는 그 물고기 수수께끼를 보았다.

"그러니까 식사 전에는 각 물고기가 바로 아래 물고기 무게의 3배씩 나갔다는 거지. 그리고 제일 큰 놈이 다른 물고기를 먹기 전에 162킬로그램이 나갔고. 우리는 나머지 물고기의 식사 전 몸무게를 알아내서 모두 더하고, 거기에 162킬로그램을 더해야 해."

"제일 큰 놈이 두 번째 물고기보다 3배 더 무거웠다면, 두 번째 물고기의 몸무게는 162를 3으로 나누어야 돼."

바네사가 말했다. 바네사는 잠시 동안 무엇인가를 계산했다.

"그래, 54야. 두 번째 큰 물고기의 몸무게는 54킬로그램이었어."

거기서부터는 샘이 이어받았다.

"그러면 54를 3으로 나누면 중간 물고기의 몸무게가 나올 거야. 음, 18킬로그램이네."

"와우, 착착 풀리는데!"

알렉스가 소리쳤다.

"좋아. 18을 3으로 나누면 6이야. 그러니까 두 번째로 작은 물고기의 몸무게는 6킬로그램이야. 6 나누기 3은 2. 따라서 제일 작은 물고기는 2킬로그램이었어."

"자, 이제 이 몸무게들을 모두 더해 보자."

샘이 계속했다.

"$2+6+18+54+162=242$. 제일 큰 물고기는 먹이를 먹은 뒤 242킬로그램이 나갔네. 됐다!"

"이 문제는 그리 어렵지 않았어."

바네사가 말했다.

"그런데 이 나무 그루터기가 아니고 알렉스 방의 책상이었으면 훨씬 좋았을 텐데 말이야. 게다가 이 벌레들 때문에 미치겠다."

"맞아. 그렇지만 이거 멋지지 않니?"

샘이 말했다.

"우리는 수수께끼를 풀고 그 덕에 모험도 즐기고. 게다가 보너스로 배 타는 기회까지 얻고 말이야."

"배만 탈 수 있다면 뭐든지 하겠다는 말이니?"

알렉스가 웃으면서 말했다.

"글쎄, 저쪽에 그 동굴이 있는 것 같아. 거기까지는 모기들도 못 쫓아올걸."

잠깐 동안 어색한 침묵이 흘렀다. 알렉스가 다시 말했다.

"얘들아, 농담이었어."

샘이 안도의 한숨을 쉬었다.

사실 매일 밤 캠프파이어를 할 때면 아이들은 블랙웰 섬의 동굴에 대한 이야기를 듣고 두려움에 떨었다. 어떤 때는 그곳에서 사람의 목소리가 흘러나온다고 했고, 또 언젠가는 광부인지 동굴 탐험가인지 하는 사람이 그 동굴의 깊숙한 곳에서 실종되었다고도 했다. 또 어떤 이야기는 그 동굴에서 살다가 미쳐 버린 한 은둔자에 대한 것이었고, 흡혈귀와 그가 키우는 흡혈박쥐 무리에 관한 것도 있었다.

어떤 종류의 이야기이든지 간에 항상 캠프 참가자들 중 꼭 어떤 바보들이 그 동굴에 들어갔다가 공포에 질려서 알 수 없는 말을 지껄이며 나왔다거나, 아니면 아예 나오지 못했다거나 하는 식으로 끝이 났다. 때문에 아무리 모기 때문에 곤욕을 치른다 해도 알렉스와 샘, 바네사는 그 동굴에 들어갈 마음이 전혀 없었다. 절대로 안 되었다.

"간식 시간!"

바네사가 오싹한 분위기를 깨기 위해 억지로 밝은 목소리로 말했다. 샘은 초콜릿 바를 들기 무섭게 먹기 시작했다. 바네사가 준비해 온 간식은 누가 마술이라도 부린 것처럼 순식간에 다 없어졌다.

만족한 아이들은 그제야 비로소 숲의 소리에 귀를 기울였고, 차츰 거기에 익숙해지기 시작했다.

그때 갑자기 뒤에 있는 풀숲에서 부스럭거리는 소리가 났다. 아이들이 뒤를 돌아볼 시간도 없이 그늘에서 커다란 형상이 나타났다.

"레크너다!"

샘이 놀라 소리치면서 들고 있던 주스 병을 떨어뜨렸다. 알렉스는 급하게 손전등을 더듬어 찾았고, 바네사는 책을 등 뒤로 감춘 채 그루터기 뒤로 몸을 숨겼다.

알렉스가 손전등을 다시 켜자, 블랙웰 섬의 역사상 가장 깊은 안도의 한숨 소리가 세 개의 폐로부터 울려 나왔다. 손전등 불빛 속에서 사슴의 호기심 어린 갈색 눈이 아이들을 쳐다보고 있었다. 그러나 그것도 잠시, 그 침입자는 갑자기 나타났던 속도만큼이나 재빠르게 다시 사라져 버렸다.

"네가 이 섬에는 아무도 안 산다고 하지 않았니?"

바네사가 떨리는 목소리로 말했다.

"사슴은 포함시키지 않았다고."

샘이 약간 더 큰 목소리로 속삭이듯이 대답하면서 바네사가 떨어뜨린 《제이든 구출작전》을 집어 들었다.

"그리고 어쩌면 사슴들이 항상 여기서 사는 것은 아닐지도 몰라. 아마도 가끔 헤엄을 쳐서 여기까지 오나 봐."

모두들 아직 조금은 겁에 질려 있었지만, 그래도 반드시 해야 할 일이 있었고 시간이 별로 없었다. 다음 수수께끼는 이상할 정도로 지금 상황과 잘 어울리는 것이었다.

정각 밤 12시에 두 도깨비 친구가

도깨비춤을 추기 시작한다.

달빛 아래, 나무들 사이에서

도깨비들은 신이 나서 날뛴다.

12시 5분, 이 도깨비들은 떠나고

4마리의 도깨비가 그 자리를 차지한다.

12시 10분, 그 4마리는 떠나야 하고,

8마리가 우아하게 왈츠를 추면서 도착한다.

12시 15분, 6마리가 떠나고

16마리가 무도회에 참가한다.

그들은 마법의 경보음을 주의 깊게 들었고

모든 교대는 매 5분마다 이루어진다.

이 일은 새벽 1시 정각까지 계속된다.

그러니 할 수 있으면 말해 봐라.

새벽 1시에는

몇 마리가 남아서

작별인사를 할 것인가?

"물고기 수수께끼가 훨씬 나았어."

알렉스가 말했다. 그는 이제 사슴에 대해서는 까맣게 잊고 있었다.

"나는 이게 좋은데."

바네사가 말했다.

"춤추는 도깨비가 왔다가 간다……. 꼭 제멋대로인 소란스런 파티 같잖아."

"그러니까 이 패턴이 새벽 1시 정각까지 계속된다는 거지."

샘이 말했다.

"1시간 동안에 5분의 간격이면, 1시간 안에 이 간격이 몇 개나 들어 있지"

"12번."

알렉스가 대답했다.

"1시간이 60분이니까, 60 나누기 5는 12야."

샘과 바네사는 놀란 눈으로 알렉스를 바라보았다.

"어떻게 그렇게 빨리 알아냈어?"

바네사가 물었다.

"갑자기 시계 모양이 떠올랐어."

알렉스가 대답했다.

"너희들도 알다시피 시계에 씌어 있는 숫자는 1부터 12잖아. 시침으로 보면 시간을 나타내지만 분침으로 보면 5분 간격이니까."

"참 좋은 생각이야, 알렉스."

바네사가 말했다.

"그런데 이것도 패턴 수수께끼일까?"

"하지만 내 눈에 패턴은 보이지 않는데."

알렉스가 말했다.

"2, 4, 8, 6, 16…… 맞지가 않아."

"사실 패턴이 두 개는 있어. 떠나는 도깨비 패턴 하나랑 도

착하는 도깨비 패턴 하나."

샘이 말했다.

"그리고 도착하는 도깨비 숫자는 매번 2배가 되고 있어."

"하지만 교대할 때마다 떠나는 도깨비 숫자는 둘씩밖에 늘어나지 않는데?"

바네사가 말했다.

"그러니까 소란스런 파티지. 가는 도깨비보다 오는 도깨비가 훨씬 많잖아."

샘이 말했다.

"내 생각에는 표를 만들어야 할 것 같아."

시간	떠나는 도깨비	도착하는 도깨비
12:05	2	4
12:10	4	8
12:15	6	16
12:20	8	32
12:25	10	64
12:30	12	128
12:35	14	256
12:40	16	512
12:45	18	1,024
12:50	20	2,048
12:55	22	4,096
1 :00	24	8,192

"이렇게 정리하고 나니까, 패턴이 보여."

바네사가 말했다.

"우리는 그냥 각 줄을 더한 뒤에, 도착한 총 숫자에서 떠난 총 숫자를 빼면 돼. 그러면 그 차가 새벽 1시에 남아서 '작별 인사'를 하는 도깨비 숫자야."

"맞아."

샘이 바네사의 생각에 동의했다.

샘은 각 줄을 더하느라 바빴다. 하지만 알렉스에게는 뭔가 문제가 있는 것같이 보였다. 고개를 갸웃거리고 있는 알렉스를 보고 바네사가 물었다.

"왜 그러니, 알렉스?"

알렉스가 대답했다.

"도깨비들 중 몇 마리는 왔다가 가기도 하잖아? 밤 12시 정각에 처음으로 춤추기 시작한 두 마리처럼 말이지. 걔네들은 어떻게 되는 거니?"

알렉스의 마음속에서 수학시험에 대한 공포가 다시 되살아나기 시작했다. 알렉스는 샘이나 바네사에게는 너무나 분명해 보이는 것이 보이지 않았고, 왜 그런지 설명을 할 수 없을 때가 많았다. 그는 그저 이해가 안 되었던 것이다. 나는 절대로 이해할 수 없을 거야!

바네사가 알렉스의 불안해 하는 표정을 주의 깊게 들여다보다가 말했다.

"알렉스, 너라면 어떤 식으로 계속하겠니?"

바네사의 말이 어느 정도 알렉스의 마음을 진정시켰다. 알렉스는 숨을 깊이 들이마셨다.

"글쎄, 나라면…… 원래 있었던 도깨비 두 마리에서 시작할 것 같아. 12시 5분에 온 4마리를 더하고 나서 동시에 떠난 2마리를 빼는 거지. 그리고 8마리를 더하고 또 4마리를 빼는 거야. 이런 식으로 계속하는 거야."

"흠……."

바네사가 말했다.

"그래, 그게 논리적일 것 같다. 시간은 더 걸리겠지만 말이야."

그동안 계산을 끝낸 샘이 말했다.

"새벽 1시 정각에 도깨비 16,224마리가 작별 인사를 했어."

"나는 네 방법대로 한번 해 볼게, 알렉스."

바네사가 말했다.

"어디 보자. 도깨비 2마리, 12시 5분에 4마리를 더하고 2마리를 빼고, 12시 10분에 8마리를 더하고……."

바네사는 잠시 동안 계산을 하더니 외쳤다.

"얘들아, 답이 달라!"

바네사는 샘과 알렉스에게 결과를 보여 주었다. 16,226이었다.

"수수께끼를 다시 확인해 봐야겠어."

샘이 한숨을 쉬었다.

바네사가 수수께끼를 다시 소리 내어 읽기 시작했다.

"정각 밤 12시에 두 도깨비 친구가…… 참, 그렇지!"

바네사는 표의 제일 위에 '12:00'과 '0', '2'를 써 넣었다.

"우리는 시작할 때 궤도에서 벗어나 있었어."

바네사는 턱이 빠질 정도로 크게 하품을 하고는 말을 이었다.

"결국 모두 13번의 교대가 있었던 거야. 알렉스, 네가 맞았어. 네 직감이 옳았어!"

바네사가 다시 하품을 했다. 이번에는 알렉스도 같이 하품을 했다.

마침내 샘이 계산을 마쳤다.

"16,262."

이번에는 샘이 하품을 할 차례였다. 그는 시계를 들여다보며 말했다.

"오늘 밤은 이만하면 된 것 같아. 지금 돌아가면 적어도 평소의 절반가량은 잘 수가 있어."

아이들은 물건을 챙겨서 다시 호숫가로 향했다. 하지만 아이들이 보트를 묶어 놓았던 후미진 곳에 도착했을 때 배가 보이지 않았다.

"이제 어떻게 해?"

바네사가 소리쳤다.

"정말로 섬에 갇히고 말았어."

"샘, 나는 네가 항해용 특수 매듭으로 묶는 줄 알았는데?"

알렉스가 샘을 비난하는 투로 말했다.

"나는 완벽하게 묶었다고!"

기분이 상한 샘이 말했다.

"저기 좀 봐. 통나무도 없잖아. 원래부터 통나무가 헐겁게 박혀 있었나 봐."

알렉스가 손전등으로 물을 훑어가기 시작했다. 곧 호숫가로부터 약 20미터 떨어진 지점에서 떠내려가고 있는 녹색 물체가 잡혔다.

"보트가 저기 있다. 아직도 통나무에 묶여 있어!"

샘이 소리쳤다.

"거봐, 내 매듭은 완벽하잖아!"

"우리 중 누군가가 헤엄쳐 가서 보트를 가져와야 해."

바네사가 말했다.

"그리고 나는 안 돼. 나는 보트까지 가더라도 보트를 어떻게 조종해야 할지 몰라."

"나도 그건 못해."

알렉스가 말했다.

"게다가 어제 사고 이후로 수영은 질색이야."

샘도 별로 젓고 싶은 생각이 없었다. 한밤중에 보는 물은 무척 차가와 보였다. 하지만 선택의 여지가 없었다.

"그러면 내 앞에 불을 비춰 줘. 내가 좋아서 이 일을 한다고 생각하진 말아 줘. 나도 즐겁진 않거든."

샘이 말하고 나서 물속으로 들어갔다.

샘이 보트에 닿는 데는 그리 오래 걸리지 않았다. 알렉스와 바네사는 샘이 보트에 올라가서 모든 것을 준비하는 모습을 조마조마한 마음으로 지켜보았다.

일단 돛이 제자리를 잡자 샘은 전문가다운 솜씨로 매듭을 풀고 통나무에 안녕을 고한 다음 다시 섬으로 보트를 몰고 왔다.

알렉스와 바네사가 보트에 올랐다. 아이들은 호수를 가로질러 다시 캠프로 돌아왔다. 보트가 원래 있던 자리로 미끄러져 들어오면서, 아이들은 아무런 소음을 내지 않는 배를 택한 것에 대해 다시 한 번 다행으로 여겼다.

보트를 부두에 매어 놓고 아이들은 숲을 통과해서 바네사의 오두막으로 달려갔다. 바네사를 데려다 준 뒤 소년들은 아무도 깨우지 않고 무사히 자기네 오두막으로 들어갔다. 남은 시간 동안 아이들은 숲 속의 공주보다 더 깊은 잠에 빠져들었다.

알렉스는 발각되지 않았지만,
샘과 바네사는 화가 잔뜩 난 교관들에게 이끌려서
알렉스가 있는 쪽으로 되돌아오고 있었다.
정말로 운이 없군! 알렉스는 풀숲 뒤에 웅크리고 숨어서
친구들이 바로 자기 코앞을 지나치는 것을 보았다.
바네사가 나뭇잎 사이로 알렉스의 창백한 얼굴을 보고
그에게 떠나라는, 거의 절망적인 눈짓을 보냈다.

Chapter 10

홀로 남은 알렉스

다시 아침이 되었다. 알렉스와 샘을 제외한 모든 아이들이 잠에서 깨어나 있었다. 바네사 역시 다른 여자 아이들이 모두 침낭을 정리하고 아침 먹을 준비를 할 때까지 계속 잠에 빠져 있었다. 그러나 결국 이 세 공모자들은 오트밀 죽을 타려고 서 있는 줄에서 만나게 되었다.

알렉스와 샘, 바네사는 내내 하품을 하고 기지개를 켜면서 아침식사를 끝내고는 다시 방에 가서 푹 자고 싶은 마음으로 식당을 나섰다. 하지만 알렉스와 샘은 이미 농구 모임에 등록을 해 놓은 상태였기 때문에 농구장에 가야 했다. 바네사 역시 테니스 모임에 가야 했다.

그날 하루 종일, 무언가에 집중한다는 것 자체가 대단한 일이었다. 농구 경기는 완벽한 실패작이었다. 샘은 단 한 점도 넣지 못했으며, 알렉스는 계속 공을 자기편이 아닌 상대편에게 패스했다. 테니스에서는 바네사가 서브할 때마다 공을 네트에 걸리게 해서 복식 경기 파트너를 노발대발하게 만들었다. 그리고 이어진 도자기 강습에서 샘은 아주 우아한, 아니

적어도 도자기 물레가 제멋대로 돌아가기 전까지는 접시였을지도 모르는 아주 괴상한 그릇을 만들었다. 도자기 강습이 계속되는 내내 다른 아이들은 계속 하품을 해대는 샘을 의심스러운 눈초리로 지켜보았다.

그날 밤 소등 시간이 되었을 때, 알렉스는 깨어 있기로 철석같이 약속을 했음에도 불구하고 자기 침대에 들어가기가 무섭게 잠들어 버렸다.

11시 직전에 샘이 알렉스를 여러 번 흔들고 귓가에 계속 속삭인 끝에야 겨우 눈을 뜰 수 있었다. 바네사 역시 겨우 침대에서 기어 나왔다. 하지만 어쨌든 아이들은 부두에 도착해서 아무런 문제 없이 섬까지 배를 타고 갈 수 있었다.

이번에는 보트를 물가에 있는 튼튼한 버드나무에 묶어 놓고 수수께끼의 그루터기로 향했다. 오늘은 방충 스프레이까지 가져왔기 때문에 벌레들이 그다지 걱정되지 않았다.

하마처럼 하품을 하면서 알렉스가 말했다.

"이런 꼴로 우리가 수수께끼를 더 풀 수 있을지 모르겠다."

"어쨌든 할 수 있는 데까지는 최선을 다해야 돼."

바네사가 말했다.

"그리고 내일 밤은 건너뛰는 게 어때? 잠을 계속 이런 식으로 못 잔다면 나중엔 결국 아무것도 할 수 없을 거야."

알렉스와 샘이 고개를 끄덕였다.

아이들은 책을 펴고 세 번째 수수께끼를 보았다.

메간의 식품 창고 선반에는 오트밀 쿠키가 가득 채워져 있었지.
그런데 한밤중에 쿠키 도둑들이 몰래 들어와 실컷 먹어 버렸네.
아, 쿠키 맛이 너무나 고소해!
도둑들은 쿠키 맛에 탄복했고
전체 쿠키의 5분의 1을 급하게 먹어치웠지.
이제 남아 있는 쿠키는 전부 132개였네.
이렇게 사악한 짓을 누가 할 수 있었을까?
메간은 전혀 실마리를 찾을 수 없었어.
그녀는 한 친절한 경찰관에게 연락을 했고
경찰관은 그녀가 무척 낙심해 있는 것을 보았지.
경찰관은 도둑맞기 전에 그녀가 쿠키를 몇 개나 가지고 있었는지 물었네.
그러나 메간은 기억할 수가 없었지.
그래서 우리가 여러분한테 요청하는 바이니
그녀가 대답을 할 수 있도록 도와주길.
아니면 메간은 엉엉 울고 말 것이네.

"쿠키라고!"

알렉스가 외쳤다.

"지금 내가 제일 먹고 싶은 게 쿠킨데."

"이 문제를 풀면 바로 쿠키를 먹을 수 있어."

바네사가 말했다.

"부모님이 보내 주신 소포에 들어 있던 쿠키를 좀 가져왔거든."

"오트밀 쿠키니?"

알렉스가 희망에 차서 물었다.

"미안, 초코칩 쿠키야."

바네사가 대답했다.

"초코칩이라고!"

샘이 외쳤다.

"오트밀보다 훨씬 낫네. 좋아, 이제 메간의 문제로 돌아가자. 메간은 도둑이 들기 전에 모르는 숫자만큼의 쿠키를 가지고 있었고 그중의 $\frac{1}{5}$을 잃었어. 남은 쿠키는 132개이고. $\frac{1}{5}$을 알아내려면, 132를 5로 나누기만 하면 돼. 그리고……."

"초코칩 선장, 너무 빠른데?"

바네사가 끼어들었다.

"그렇게 되면 132의 $\frac{1}{5}$이 되잖니. 그렇지만 쿠키 도둑들이 가져간 것은 전체 쿠키의 $\frac{1}{5}$이고 그 후에 남은 것이 132야,

맞지?"

"그렇네!"

샘이 고개를 끄덕이면서 눈살을 찌푸렸다.

"$\frac{1}{5}$이 전체 쿠키에 다섯 번 들어간다고 쳐 봐."

바네사가 말했다.

"만약 네가 $\frac{1}{5}$을 가져가면 $\frac{4}{5}$가 남지. 결국 132개가 $\frac{4}{5}$만큼의 양이라는 것이지. 즉, 사등분하라는 얘기야."

"그러니까 우리가 할 일은 132를 사등분하는 숫자를 알아내는 것이네."

샘이 말했다.

"132를 4로 나누면 33이 돼."

"자, 이제 더 빨리!"

알렉스가 일어서서 자신의 양손으로 마술을 거는 동작을 취했다.

"그 $\frac{4}{5}$, 즉 132를 그 $\frac{1}{5}$, 즉 33과 더해라. 그럼 얼마가 나오냐면…… 알라카잠 얏! 165다! 이게 바로 메간이 도둑맞기 전에 가지고 있던 쿠키의 숫자야."

알렉스가 마치 주변에 관객이 있기라도 한 것처럼 사방에 절을 하자 샘과 바네사는 원숭이들처럼 웃으면서 손뼉을 쳤다.

"쿠키 먹을 시간!"

샘이 기억해내고는 바네사의 배낭을 덮쳤다. 배고픈 아이들이 허겁지겁 쿠키를 먹느라 부스럭거리는 소리로 밤의 정적이 깨지고 있었다. 그리고 나무들 위쪽 어딘가에서 부엉이 우는 소리가 들렸다. 이번에는 어느 누구도 움찔거리기조차 하지 않았다.

잠시 후 그 거대한 새가 날아올라 캠프장 쪽을 향해 우아한 몸짓으로 날아갔다. 아주 잠깐 동안, 부엉이가 아직 지상에 더 가까이 있을 때 그 거대한 날개폭이 밤하늘의 절반을 덮고 있는 것처럼 보였다. 아이들이 진짜로 살아 있는 부엉이를 본 것은 이번이 처음이었다.

"이러니까 내 방에 앉아 있는 것보다 낫지 않니?"

알렉스가 바지에 떨어진 쿠키의 마지막 부스러기들을 털어내면서 속삭였다.

"아직 수수께끼 하나 정도는 더 풀 수 있을 것 같아…… 아마도 말이야."

바네사가 한숨을 쉬고는 다른 두 아이들이 혹하지 않을 수 없을 정도로 맛있게 하품을 했다. 샘과 알렉스도 거기에 답하듯이 하품을 하고 기지개를 켜지 않을 수 없었다. 그들은 전에도 많이 해 보았듯이 책을 한 번 덮었다가 다시 폈다. 그러자 예상했던 대로 외눈박이 괴물 친구 마고트의 네 번째 수수께끼가 나왔다. 그러나 이번 것은 지난 번 것처럼 입맛을 돋우는 문제가 절대 아니었다.

세 마리의 행복한 애벌레가 가장 좋아하는 것은 사과였는데
애벌레들은 사과를 항상 속에서부터 먹었지.
아무리 살충제를 뿌려도 애벌레들에게는 사과 속으로 들어가는 비법이 있었다네.
가장 작은 애벌레는 하루에 10그램의 사과 속을 먹을 수 있었고, 중간 크기의 애벌레는 하루씩 쉬고 나서 30그램을 먹어 치울 수 있었지.
제일 큰 애벌레가 이틀을 쉬고 나면 50그램의 사과 속이 없어졌지.
이런 식으로 새벽부터 황혼까지, 그리고 황혼부터 새벽까지 계속되었다네.
애벌레들이 사는 나무에는 각각 80그램인 사과가 8개 달려 있었지.
내가 궁금한 것은 이 사과들이 이 3마리의 꿈틀이들 속에서
얼마나 오래 버틸 수 있는가 하는 거야.
그리고 나는 이 친구들이 같은 날부터 사과 속을 먹기 시작했다고 덧붙이는 바이지. 왜냐 하면 그들은 배가 고팠고 달리 할 일도 없었기 때문에…….

"우웩!"
바네사가 얼굴을 찡그리며 말했다.
"간식을 이미 먹어서 정말 다행이군."

"그러니까 첫 번째 애벌레는 매일 10그램을 먹고, 두 번째 애벌레는 이틀마다 30그램을 먹고 세 번째 애벌레는 사흘마다 50그램을 먹는다는 거지."

샘이 말했다.

"애벌레들은 사과 8개를 깨끗이 먹어 치울 것이고, 각 사과는 80그램씩 나간다. 흠…… 이거 까다로운데."

"글쎄, 적어도 우리는 애벌레들이 모두 합쳐서 몇 그램을 먹었는지를 알아보는 데서 시작할 수는 있겠네."

알렉스가 말했다.

"사과 8개 곱하기 80그램은 640그램이야."

"표를 또 하나 만들어 보자."

바네사가 제안했다.

"세 마리 모두 첫 번째 날에 먹기 시작한다."

	애벌레 1	애벌레 2	애벌레 3
1일차	10그램	30그램	50그램
2일차	10그램	–	–
3일차	10그램	30그램	–
4일차	10그램	–	50그램
5일차	10그램	30그램	–
6일차	10그램	–	–
7일차	10그램	30그램	50그램
8일차	10그램	–	–

"좋아, 우선은 됐어."

알렉스가 말했다.

"이렇게 하면 몇 그램의 사과가 나오지?"

"350그램."

샘이 재빨리 계산을 해 보고 대답했다.

"계속해 보자."

	애벌레 1	애벌레 2	애벌레 3
9일차	10그램	30그램	–
10일차	10그램	–	50그램
11일차	10그램	30그램	–
12일차	10그램	–	–
13일차	10그램	30그램	50그램
14일차	10그램	–	–
15일차	10그램	30그램	–
총계	150그램+240그램+250그램=640그램 (80그램짜리 사과 8개)		

"15일이야!"

바네사가 말했다.

이렇게 다시 하나의 수수께끼를 풀었다. 아이들은 너무 졸려서 기뻐할 틈조차 없는 것처럼 보였다.

"마치 백 년 동안 한숨도 자지 못한 것 같아. 이제 그만. 더 이상은 못 깨어 있겠어."

"보트로 돌아가자."

샘이 엉덩이에 묻은 흙을 털면서 《제이든 구출작전》을 알렉스의 배낭에 도로 넣었다. 다행히도 이번에는 보트가 묶어 둔 자리에 그대로 있었다.

아이들은 오로지 자신들의 편안한 침낭만을 생각하면서 배를 몰고 캠프장으로 향했다.

다음 날 아침에는 전날보다 일어나기가 더욱 힘들었다. 세 아이는 또다시 캠프 활동을 하는 데 어려움을 겪었으며, 수영이 끝난 후에는 세 명 모두가 나무 그늘에 비치 타월을 펴 놓고 누워서 바로 곯아떨어져 버렸다.

그렇지만 캠프의 다른 아이들이 등에 물을 한 양동이 퍼 붓고는 킥킥거리며 도망치는 통에 그나마 그 달콤한 낮잠도 오래가지는 못했다.

그날 밤 9시에 알렉스, 샘, 바네사는 불을 끄라는 신호를 듣지 못했다. 그들의 침대에서는 이미 불이 꺼져 있었기 때문이다. 마침내 완전히 하룻밤을 푹 잘 수 있게 된 것이다.

레크너가 스키 부두 옆에 나타난 이후 네 번째 날 아침, 알렉스, 바네사 그리고 샘은 상황을 종합해 보고 남은 시간을 어떻게 배분할 것인지를 결정해야 했다.

"우리에게는 나흘 밤이 남아 있고, 수수께끼는 3개가 남았어."

바네사가 시작했다.

"아무런 문제도 생기지 말아야 할 텐데."

"그렇지만 나는 더 이상 이틀 밤 연속으로 밤을 새지는 못하겠어."

샘이 투덜거리면서 말했다.

"우리는 오늘 밤에 모든 것을 끝내야 할 것 같아."

"그래, 노력해 보자."

바네사가 동의했다.

"우리의 두뇌가 최고 능력을 발휘할 수 있도록 준비하자. 간식거리도 많이 필요할 거야. 이번에는 너희가 매점에 갔다 올 차례인 것 같은데."

그날 밤 다시 한 번 아이들은 이제는 익숙한 길을 따라 호수로 내려갔다. 알렉스가 신발에 들어간 돌멩이를 꺼내느라 잠깐 멈추었다.

"금방 따라갈게."

그가 낮은 목소리로 말했다.

"계속 가고 있어."

알렉스가 서둘러 신발 끈을 다시 묶고 있는데 갑자기 어른의 목소리가 들렸고 불빛이 보였다.

"이 늦은 시간에 너희 둘 여기서 뭐 하고 있는 거야? 어느 오두막에서 나왔어? 밤에 돌아다니는 게 금지되어 있는지 몰라? 우리가 데려다줄 테니 이리 와라. 너희들 교관이 이 일에 대해서 알아야 할 것 같구나."

안 돼! 야간 순찰원들이잖아!

알렉스는 발각되지 않았지만, 샘과 바네사는 화가 잔뜩 난 교관들에게 이끌려서 알렉스가 있는 쪽으로 되돌아오고 있었다.

정말로 운이 없군! 알렉스는 풀숲 뒤에 웅크리고 숨어서 친구들이 바로 자기 코앞을 지나치는 것을 보았다.

바네사가 나뭇잎 사이로 알렉스의 창백한 얼굴을 보고 그에게 떠나라는, 거의 절망적인 눈짓을 보냈다.

그러고 나서 알렉스는 뭔가가 길에 떨어지는 소리를 들었다.

모두가 가고 난 뒤 알렉스는 땅에 손전등을 비춰 보았다. 바네사의 배낭과 그 옆에 떨어진 작고 빛나는 물체가 보였다. 바로 배들을 넣어 두는 곳의 열쇠였다!

알렉스는 어떻게 해야 할지를 몰랐지만 우선 열쇠와 배낭을 집어 들었다. 알렉스의 머릿속은 온통 두려운 생각뿐이었다. 이대로 돌아가는 것이 옳은 생각인 것 같았다. 그러나 알렉스는 이번 사건 때문에 야간 순찰원들이 오두막집 경계를 더욱 철저히 할 것이라는 생각이 들었다. 그러니까, 오늘이 마지막 기회인 것이다. 지금이 아니면 기회는 영원히 없다!

에메랄드 여왕과 구조대의 마지막 희망이 알렉스에게 달려 있었다.

사마귀? 그리고 뚬뚜기 곤충은 또 뭐야?
알렉스는 하늘을 올려다보았다. 하늘은 여전히 어두웠다.
으스스 으스스. 바람 때문에 나무 꼭대기들이
마치 거대한 부채처럼 흔들리고 있었다.
숲이 내는 온갖 소리가 사방에서 들려왔다.

Chapter 11

마법의 수 16709

알렉스는 열쇠를 주머니에 넣고 바네사의 배낭은 자신의 왼쪽 어깨에, 자기 배낭은 오른쪽 어깨에 둘러메고는 급히 지름길로 접어들었다.

부두에 도착하자마자 알렉스는 배를 넣어 두는 곳의 자물쇠를 열고는 머릿속으로 샘의 동작들을 되살려 보기 시작했다. 샘이 했던 동작들을 그대로 따라하자 신기하게도 모든 것이 척척 들어맞는 것이었다. 알렉스는 돛이 어디에 있어야 하는지를 기억해냈으며 심지어는 각 장비들의 사용법까지 떠올릴 수 있었다. 아주 좋아! 다음에 할 일은? 알렉스는 보트에 올라타고 출발했다.

처음에는 모든 것이 순조로워 보였다. 하지만 곧 보트가 커다란 원을 그리며 호수 위를 한 바퀴 돌더니 다시 캠프장 쪽으로 향했다. 알렉스는 필사적으로 보트를 조종하려 했지만 보트는 말을 듣지 않았다. 배와 사투를 벌이는 동안 야간 순찰원들이 호수에 떠 있는 보트를 발견하지 않을까 하는 걱정 때문에 가슴이 조마조마했다.

마침내 보트의 키가 제대로 작동하기 시작했으며 돛도 제자리를 확실히 잡았다. 알렉스는 무사히 호수의 오목한 지점을 돌아 섬을 향해 똑바로 나아갔다. 제발 아무 일도 일어나지 않기를! 그는 진심을 담아 빌고 또 빌었다.

완벽한 상륙이라고 말할 수는 없었지만 어쨌든 알렉스는 항상 배를 대던 그 후미진 곳에 내릴 수 있었다. 알렉스는 자신의 매듭이 풀리지 않기를 기도하면서 샘이 밧줄을 묶어 두던 버드나무에 보트를 묶었다.

공기가 쌀쌀한 편이어서 약간 몸이 떨렸지만 아래위가 하나로 붙은 옷을 입고 있었기 때문에 어느 정도 추위를 견딜 수 있었다. 알렉스는 주위를 둘러보았다. 구름이 모여들면서 서서히 보름달을 가리고 있었다. 알렉스는 스스로가 한없이 작게만 느껴졌다. 그는 이 고립된 섬에 완전히 혼자였다.

알렉스는 심호흡을 했다. 침착하자. 너는 해낼 수 있어! 그는 스스로에게 주문을 걸었다.

알렉스는 손전등을 마치 검을 뽑아들듯이 앞으로 쭉 내밀고는 불안한 걸음으로 섬 안쪽을 향해 움직이기 시작했다. 수수께끼를 풀고는 하던 나무 그루터기가 보였다. 샘과 바네사가 호수 반대쪽에 있다는 사실만 제외하면 달라진 것은 아무것도 없었다. 샘과 바네사는 알렉스를 걱정하면서 오두막집 안에 뜬 눈으로 누워 있을 것이다. 샘은 알렉스가 섬까지 혼자서 배를 몰기는커녕 돛조차 제대로 펴지 못했을 거라고 생각하고 있을지도 모른다. 내가 여기까지 온 걸 알면 녀석이 얼마나 놀랄까!

친구들을 생각하자 알렉스는 더욱 외로움을 느꼈다. 그 순간, 알렉스는 외눈박이 다정한 친구 마고트를 기억해냈다. 알렉스는 완전히 혼자가 아니었다. 그는 간절한 마음으로 책을 펼쳤고, 용기와 격려를 보내는 듯한 마고트의 얼굴을 보았다. 그리고 다섯 번째 수수께끼가 있었다.

한 마리의 명랑하고 맛좋은 뜀뛰기 곤충이 산책을 나왔네.

그러다 배고픈 사마귀 한 마리와 딱 마주쳤지.

뜀뛰기 곤충은 잽싸게 도망쳤어. 화가 나서 헐떡이며 뛰었지.

뜀뛰기 곤충의 속력은 따라잡기 힘들 정도로 빨랐어.

정확히 1초에 100센티미터! 얼마나 빨라!

하지만 사냥꾼의 속력도 장난이 아니었지.

1분에 30미터를 간다면 상당히 위협적인 속력이니까.

기도하라, 나를 불안하게 하지 말고. 그리고 애원하노니 제발 말해 다오.

마지막까지도 이 사마귀가 여전히 배가 고팠다면,

그들 사이에 속력의 차이는 얼마인가?

덧붙여

네가 원한다면 초당 센티미터로 답해도 좋아.

사냥 잘하길, 젊은이.

사마귀? 그리고 뛰뛰기 곤충은 또 뭐야?

알렉스는 하늘을 올려다보았다. 하늘은 여전히 어두웠다. 으스스 으스스. 바람 때문에 나무 꼭대기들이 마치 거대한 부채처럼 흔들리고 있었다. 숲이 내는 온갖 소리가 사방에서 들려왔다. 어쩌면 지금 이 순간 이 섬에서도 사마귀들이 맛있는 뛰뛰기 벌레들을 사냥하고 있을 것이다.

집중, 집중! 알렉스는 스스로에게 말했다.

그 벌레의 속력은 초당 센티미터로 주어졌는데, 사마귀의 속력은 분당 미터였다. 알렉스는 문득 사과는 사과끼리 비교해야 한다는 것을 깨달았다. 애벌레들은 빼고 말이지, 그는 미소를 지으면서 생각했다. 곤충의 속력과 사마귀의 속력이 동일한 방법으로 측정되어야 했다. 바로 그때 바네사의 배낭에 들어 있던 도량형 측정표가 생각났다. 바네사, 고마워!

알렉스는 그 작은 카드에서 센티미터를 찾았다. 1미터는 100센티미터였다.

'그러니까…….'

알렉스는 연필을 집어 들면서 생각했다.

뜀뛰기 곤충은 1초에 100센티미터로 달린다. 사마귀는 1분에 30미터를 달려. 그러니까 사마귀의 속력은 30×100, 1분에 3,000센티미터를 달린다는 말이야.

사마귀는 1분에 3,000센티미터를 움직인다. 1분은 60초야. 그러니까 사마귀의 초당 속력은 3,000센티미터를 60초로 나누어서 얻을 수 있어. 3,000cm÷60secc=50cm/sec('cm/sec'는 1초(second)에 몇 센티미터(cm)를 움직이는지 나타내는 단위임).

사마귀는 초당 50센티미터를 달린다. 반면에 뜀뛰기 곤충은 초당 100센티미터를 달려.

그러므로 이 둘 사이의 속력 차는 100cm/sec−50cm/sec=50cm/sec야.

뜀뛰기 곤충은 사마귀보다 두 배 빨리 달렸다. 따라서 뜀뛰기 곤충은 안전했고, 사마귀는 여전히 배가 고팠다. 알렉스도 배가 고팠다. 그는 샘과 매점에서 사 온 음식을 꺼내 먹었다.

과일 맛이 나는 초콜릿 바를 씹어 먹으면서 알렉스는 이제 자기 앞에는 어떠한 장애물도 없을 거라고 생각했다. 갑자기 머리를 두드리기 시작한 빗방울만 뺀다면…….

재빨리 나머지 초콜릿 바를 꿀꺽 삼킨 뒤 알렉스는 물건을 모두 챙겨서 소나무 밑으로 비를 피했다. 빗방울이 굵어지기 시작하더니 모든 것을 쓸어버릴 듯 갑자기 비가 퍼붓기 시작했다. 무슨 일이 있어도 《제이든 구출작전》은 지켜내야 했다. 알렉스는 책과 종이들을 배낭에 집어넣고 어두운 하늘을 올려다보았다. 잠깐 지나가는 소나기는 아닌 것 같았다.

알렉스는 블랙웰 섬의 유일한 피난처를 알고 있었다. 선택의 여지가 많지 않았다. 캠프파이어에서 나온 이야기들은 그냥 이야기일 뿐이야. 동굴로 몸을 피하지 않는다면 레크너의 지하 감옥에 갇히는 수밖에 없어.

알렉스는 레크너의 지하 감옥을 직접 본 적은 없었지만, 거기에서 살고 싶은 마음은 추호도 없었다. 하물며 가장 친한 친구들까지 끌고 들어갈 수는 더더욱 없었다.

알렉스는 나무 밑에서 재빨리 뛰어나와 섬의 중앙을 향해 나 있는 좁은 길을 따라 달렸다. 꽤 오랫동안 손전등의 불빛에는 나무와 풀숲밖에 들어오지 않았다.

그렇게 한참을 달린 끝에 알렉스는 멀리서 웅크리고 있는 거대한 어둠의 덩어리를 발견하고는 걸음을 멈추었다. 찾고 있던 것을 드디어 발견한 것이다.

알렉스는 동굴 안으로 들어가기 전에 조금 망설였다. 하지만 땅을 향해 내리꽂히는 장대비가 사정없이 머리를 찌르고 있었다. 알렉스는 뼛속까지 흠뻑 젖어들 것만 같았다. 하는 수 없이 그는 바위틈으로 나 있는 동굴 입구로 뛰어 들어갔다.

동굴 안은 생각했던 것보다 훨씬 아늑했다. 박쥐도 없었으며, 알렉스를 깜짝 놀라게 할 만한 짐승도 없었다. 만약 유령들이 있다면 다른 캠프 참가자들의 꿈속으로 숨어들려고 외출한 것이 틀림없었다.

알렉스는 손전등을 위쪽으로 향하게 세워 놓고 동굴 천장에 빛이 반사되도록 했다. 진즉부터 이렇게 훌륭한 장소를 발견하지 못했던 것이 아쉬울 따름이었다.

이제 수수께끼는 단 두 개만 남아 있었다. 알렉스는 책을 펴고 마고트가 준비해 둔 여섯 번째 수수께끼를 보았다. 이번 수수께끼는 정말 짧았다. 짧다는 건…… 쉽다는 뜻이겠지, 그렇지?

나에게는 여동생이 하나 있는데 그녀의 나이는 84살이야.

몹시 유감스럽게도 나는 최근에 90세를 넘겼어.

내가 훨씬 더 어렸을 때, 내 나이는 여동생 나이의 3배였지.

그 무렵 나는 몇 살이었을까?

가서 알아봐라. 그러면 나처럼 현명한 사람이 될 것이니.

외눈박이 괴물 친구 마고트가 자신에 대한 수수께끼를 낸 것은 이번이 두 번째였다. 이제 알렉스는 그의 나이를 알게 되었고, 또한 그처럼 눈이 하나뿐인 아들들뿐만 아니라 여동생도 있다는 사실을 알게 되었다. 이런 사실들을 알고 보니,

이 괴물 친구가 점점 더 실제로 존재하는 것처럼 느껴졌다.

수수께끼를 여러 번 읽어 본 알렉스는 이 문제에 어떤 함정 같은 것이 있지는 않을까 의심을 품었다.

마고트의 나이가 90살이라 해도, 84살인 여동생보다 나이가 아주 많다고 할 수는 없었다. 그런데 어떻게 마고트의 나이가 여동생 나이의 3배였던 적이 있을 수 있었을까? 바네사와 샘이 이 자리에 있었다면…….

알렉스는 일어나서 머릿속을 정리하기 위해 동굴 안을 이리저리 걸어 다녔다. 그리고 나서 밖을 내다보았다. 아직도 비가 세차게 퍼붓고 있었다.

다시 수수께끼로 돌아온 알렉스는 자기가 알고 있는 것을 총동원해서 생각해 보았다. 알렉스는 오래전에 마고트와 그의 여동생이 '아주 어렸기' 때문에 마고트의 나이가 여동생 나이의 3배였다는 사실을 알고 있었다. 그리고 또 이 둘의 나이 차이가 여섯 살이라는 사실도 알고 있었다. $90-84=6$이니까. 그리고 알렉스는 《제이든 구출작전》의 뒤표지에 있던 그 자물쇠 수수께끼를 기억해냈다. 마술의 연필이 그 문제의 첫 부분을 풀 때, 모르는 숫자 대신에 x와 y를 사용했다. 아마도 그 방법을 쓰면 될지도 몰라.

알렉스는 종이에 쓰기 시작했다.

그들이 어렸을 때 여동생의 나이는 x이다.

그들이 어렸을 때 마고트의 나이는 y다.

마고트의 나이가 여동생의 나이보다 3배 많으므로

$3 \times x = y$

흠, 그렇지만 마고트는 또한 여동생보다 6살이 더 많다. 알렉스는 다시 썼다.

$6 + x = y$

그리고 또 써 내려갔다.

$6 + x = 3 \times x$

흥미로운 방정식이 만들어졌다. 하지만 아직도 문제를 풀기에는 충분하지 않았다. 알렉스는 지난번 자물쇠 수수께끼에서 했던 방법대로 숫자들을 넣어 보기로 했다. 1부터 시작하는 것이 좋을 것 같았다.

$6+1=7$,　$3 \times 1 = 3$ (이건 아냐.)

$6+2=8$,　$3 \times 2 = 6$ (이것도 아냐.)

$6+3=9$,　$3 \times 3 = 9$ (이거다!)

$6+3=3 \times 3=9$

그래, 바로 이거야! 마고트의 나이인 y는 9였어! 여동생의 나이인 x는 3이었고. 샘과 바네사, 기대하시길!

하지만 스스로를 칭찬해 줄 시간이 별로 없었다. 간식을 한 번 더 먹고 나서 곧장 다음 수수께끼에 매달렸다. 이제 남은 수수께끼는 단 한 개였다.

커다란 강당에 300개의 의자가 있지.
한 줄에 같은 개수의 의자가 놓여 있어.
강당에서는 아이들을 위한
재미있는 영화 한 편이 상영될 예정이야.
240명의 아이들이 강당에 들어선다면
몇몇 줄은 완전히 비게 돼.
그렇다면 아이들이 앉지 않은 줄은
모두 몇 줄이 될까?
잘 생각한 후에 대답하길.
빈 줄 하나에 놓인 의자 수의 반을
4로 곱한 것은
비어 있는 모든 의자의 수와 같지.
내가 줄 수 있는 힌트는 이게 끝이야.
아참! 한 가지가 더 있는데,
그 스크린이 바로 너의 모든 근심이 끝나는 곳이야.

그러니 잘 보고 절망하지 말라.

내 친구여, 네가 그 안개를 보았을 때,

너는 비로소 너의 모든 근심이 사라졌음을 깨닫게 될 것이다.

알렉스는 불안하고 초조한 마음에 입술을 핥았다. 여기에는 수수께끼 이상의 무언가가 있었다. 처음 부분은 말이 되지만 마지막 두 줄은 도대체 뭐란 말인가! 안개? 문제와 어떤 연관이 있는 거지?

알렉스는 문제와 그 말들을 연결 지으려고 애써 보았다. 그러나 아무리 수수께끼를 읽고 또 읽어도 머리에 떠오르는 것이라고는 아무것도 없었다.

결국 그 말들은 일단 그대로 두고 강당에 빈 줄이 몇 개 남을 것인지를 계산하는 데 집중하기로 했다. 알렉스가 생각하기에, 우선 앉을 수 있는 모든 좌석의 수와 아이들이 앉은 좌석 수의 차이를 알아보는 데서 시작하면 될 것 같았다. $300-240=60$. 알렉스는 계속 생각해 가면서 종이에 써 내려갔다.

모든 줄에는 의자 수가 같고 줄 하나에 있는 의자 수는 x이다.

그리고 한 줄의 반은 $x \div 2$라고 하면 된다.

이제 그 숫자를 4로 곱하면 60과 같고, 이것이 비어 있는 모든 의자의 개수이다. 그러므로 $(x \div 2) \times 4 = 60$이 된다.

알렉스는 계산을 잠시 멈추고 한동안 자신이 만든 마지막 방정식을 보았다. 뭔가를 4로 곱하면 60과 같다. 그건 60을 4로 나누면 그 뭔가와 같다는 뜻이 아닌가? 곱하기와 나누기는 서로 관련을 맺고 있으니까.

알렉스는 계속 써 내려갔다.

$(x \div 2) \times 4 = 60$을 거꾸로 하면, $60 \div 4 = x \div 2$

$60 \div 4 = 15$. 그러므로 $x \div 2 = 15$

이것을 다시 거꾸로 하면, $15 \times 2 = 30$

따라서 $x = 30$.

각 줄에는 의자가 30개씩 있다!

이제 알렉스는 한 줄에 의자 몇 개가 있는지 알아냈다. 하지만 그에게 필요한 것은 비어 있는 줄의 개수였다. 빈 좌석은 총 60개이고, 30은 60에 2번 들어간다. 이것은 강당 안에 비어 있는 줄이 2줄 있다는 뜻이다.

알렉스는 정답을 쓰자마자 책을 들여다보았다. 책이 펼쳐진 상태였는데도 마고트의 표정이 변해 있었다. 마고트의 얼굴에는 기쁨이 넘쳐나는 듯했다. 수수께끼의 마지막 두 줄이 마음에 걸렸지만, 외눈박이 괴물 친구 마고트의 밝은 표정이 알렉스에게 확신을 심어 주었다. 마침내 일곱 개의 수수께끼를 모두 푼 것이다!

이제 중요한 순간이 다가왔다. 수수께끼의 모든 답을 더해야 하는 것이다. 알렉스가 상상해 왔던 것처럼 그 마지막 숫자가 하나의 단어로 변할 것인가.

알렉스는 친구들과 섬에 와서 계산했던 모든 종이들을 훑어보고 새 종이 한 장에다 각 수수께끼의 답을 써 내려갔다. 그러고 나서 더하기를 시작했다.

물고기 수수께끼	242
춤추는 도깨비들	16,226
쿠키들	165
사과를 다 먹는 데 걸린 날들	15
초당 센티미터	50
나이	9
비어 있는 줄	2
합계	16,709

합계를 쓰자마자, 알렉스는 눈을 감았다. 하지만 다시 눈을 뜬 순간 그는 실망하고 말았다. 그 숫자는 아직도 하나의 숫자 그대로 있을 뿐이었다.

알렉스는 다시 한 번 눈을 감았다. 그 상태로 몇 걸음 걸어 나갔다가 다시 돌아왔다. 하지만 어떤 단어도 나타나지 않았다. 알렉스는 마고트의 충고를 기대하면서 예전 방법대로 책을 몇 번 열었다 닫아 보았지만 마고트에게서는 어떤 충고도 들을 수 없었다.

사실, 알렉스는 마고트의 모습을 가까이서 들여다보았을 때, 그의 하나밖에 없는 눈이 감겨 있는 것을 보고는 몹시 놀랐다. 그는 잠을 자고 있었다! 이 외눈박이 괴물조차도 피곤한 모양이었다.

비는 이제 가랑비가 되어 있었다. 달리 할 일이 딱히 없었다. 알렉스는 자기 물건을 챙긴 후 진흙창이 된 길을 걸어서 배를 묶어둔 후미진 곳으로 돌아갔다. 보트는 물로 가득 차 있었으며 수면에 간신히 떠 있는 상태였다. 그래서 보트를 건져내는 데 시간이 많이 걸렸다.

알렉스는 물을 퍼내면서 계속 중얼거렸다.

16,709, 16,709, 16,709…….

마침내 보트가 준비되었고 알렉스는 시무룩한 얼굴로 와콘다 캠프를 향해 돛을 올렸다. 새벽빛이 어스름하게 주변을

밝히기 시작하고 있었지만 호수 위에 드리워진 엷은 안개가 부두로 돌아오는 알렉스의 모습을 숨겨 주었다.

자신의 오두막집으로 돌아왔을 때, 알렉스는 잠에서 깨어 무척 화가 난 표정을 짓고 있는 교관 릭과 맞닥뜨렸다. 아침이 밝아오자 알렉스 대신 그의 침대에 누워 있던 옷 뭉치가 발각되고 만 것이었다. 알렉스가 다가가자 교관의 분노가 폭발했다.

"한밤중에 산책을 하다니!"

릭이 소리를 질렀다.

"도대체 너는 무슨 생각으로 그러고 다닌 거냐? 어디에 있었어? 제프가 알게 되면 너를 당장 집으로 돌려보내고 말 거야! 어서 가서 자!"

알렉스는 배낭 두 개를 꽉 쥐고 덜덜 떨면서 아무 말도 하지 않았다. 잠옷으로 갈아입는 동안 샘에게 섬에서 일어난 일을 모두 말해 주고 싶어서 온몸이 근질거렸다. 그러나 당분간은 가만히 기다릴 수밖에 없었다.

그날 오후 자유 시간에 샘, 알렉스, 바네사는 제프의 사무실로 불려갔다. 놀랍게도 제프는 이 모든 일에 대해 꽤 관대하게 대했다. 심지어 아무런 벌도 내리지 않았다. 그러나 제프는 알렉스와 샘, 바네사가 다시 한 번 소등시간 이후에 숲

속을 돌아다니다가 발견되면 부모님들께 알리겠다고 단호하게 말했다. 그리고 그게 다였다.

아이들이 사무실에서 나올 때, 샘과 바네사는 궁금증 때문에 거의 제정신이 아니었다. 자유 시간이 15분밖에 남지 않았기 때문에 알렉스는 친구들의 질문에 빨리빨리 대답해야 했다. 알렉스가 블랙웰 섬의 그 동굴에 대한 이야기를 들려주었을 때 샘과 바네사는 거의 턱이 빠질 지경이었다.

"정말 훌륭했다니까."

친구들이 놀라는 모습을 즐기면서 알렉스가 말했다.

"건조하고, 아늑하고…… 정말 좋았어."

"박쥐조차 없었단 말이야?"

샘이 약간 실망한 투로 물었다.

"단 한 마리도 없었어."

알렉스가 확실하게 대답해 주었다.

"그리고 답들은 다 어떻게 되었니?"

바네사가 갑자기 이 모든 일의 요점을 기억해내고 물었다.

"수수께끼는 다 풀었니? 답을 다 더하니까 뭐가 나오던?"

"그게 말이야……."

알렉스가 말했다.

"꼭 오래된 개그 같다니까. 좋은 소식과 나쁜 소식이 있는데 어느 것부터 먼저 들을래?"

"좋은 거 먼저 듣자."

샘이 말했다.

"내가 남은 세 개의 수수께끼를 풀었거든."

알렉스가 자랑스럽게 말했다.

"좋았어!"

바네사가 소리쳤다.

"그리고 나쁜 소식은 뭔데?"

"모든 답을 더했더니 16,709라는 숫자가 나왔어. 그런데 그게 전부야."

아이들은 알렉스와 샘의 오두막집 계단에 있었다. 그래서 알렉스가 들어가서 자기 메모장을 들고 나와 5번, 6번, 7번 수수께끼의 답을 보여 주었다. 그러고 나서 친구들에게 외눈박이 마고트의 마지막 수수께끼를 보여 주기 위해 책을 폈다. 여전히 자고 있는 외눈박이를 본 샘과 바네사의 기분은 그다지 좋지 않았다. 그리고 그들 역시 영화 수수께끼의 마지막 두 줄을 보고는 알렉스만큼이나 황당해 했다.

"절망과 안개에 대한 이 부분은 수수께끼의 일부가 아닌 것 같아."

바네사가 말했다.

"도대체 이게 무슨 뜻이니?"

"어젯밤부터 계속 생각해 봤거든."

알렉스가 대답했다.

"그렇지만 지금 당장은 16,709란 숫자가 다야. 그리고 나는 아직도 이것을 어떻게 단어로 바꿔야 할지 전혀 모르겠다니까."

"무슨 방법이 있는 게 틀림없어."

기분이 상하고 지쳐 보이는 샘이 말했다.

"여기까지 와서 마지막에 포기할 수는 없잖아. 마고트가 우리한테 그런 장난을 칠 리는 없어!"

"얘들아!"

바네사가 외쳤다.

"어떤 건지 알 것 같아. 전에 어떤 프랑스의 죄수에 대한 책에서 이런 것을 본 적이 있거든. 그는 벽을 두드려서 옆 감방의 죄수와 의사소통을 할 수 있는 방법을 만들어냈어. 노크의 숫자가 알파벳의 글자를 나타내. 그러면 1번은 첫 번째 알파벳인 A가 될 것이고…… 이런 식으로 계속하는 거지. 그들은 단어, 문장 그리고 마침내는 탈출계획까지 만들어내게 돼. 정말 위대한 소설인데, 작가는 알렉산더……."

"알았어, 알았어."

알렉스가 끼어들었다.

"이 숫자에서 단어 한 개만 알아내면 우리 이야기도 위대한 소설이 될 수 있어."

알렉스가 종이 몇 장과 연필 한 자루를 꺼냈다.
"또 풀어야 하는군."
샘이 투덜거렸다. 알렉스는 샘의 말을 무시했다.
"16,709의 철자를 알아보자."
알렉스가 말했다. 그는 재빨리 알파벳을 모두 쓰고 각 글자를 숫자 한 개씩에 대입했다.
"자, 1=A, 6=F, 7=G……."
"그런데 이 글자들은 결국 여기서 분리될 수밖에 없어."
실망한 샘이 끼어들었다.
"다음 숫자가 0이거든. 0은 도대체 어떤 글자를 의미하는 거니?"
"우선 계속해 봐."
바네사가 실망하지 않으려고 애쓰면서 말했다.
"A, F, G, 한 칸 띄고, I."
"이게 도대체 무슨 단어야?"
샘이 말했다.
"애들아!"
갑자기 알렉스가 외쳤다.
"영은 O가 될 수도 있잖아!"
"그렇다면 마법의 단어는 바로 AFGOI네?"
바네사가 의아해하면서 말했다. 아이들 중 누구도 확신하지는 못했다. 만약 그들이 틀렸으면? 그렇다면 틀림없이 기대했던 것만큼 상황이 유리하게 전개되지는 않을 것이다.

"그러니까, AFGOI가 되어야 해,"

알렉스가 말했다.

"우리가 알아낸 것은 이게 전부야. 이것으로 레크너를 물리칠 수 있기를 바랄 뿐이지……."

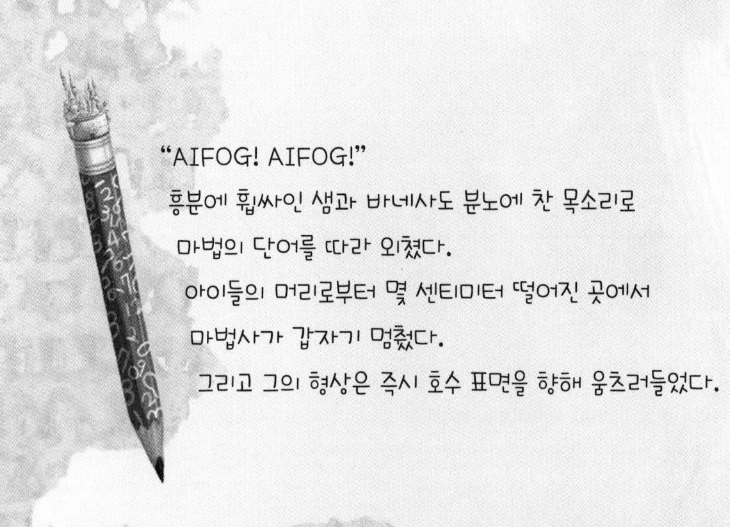

"AIFOG! AIFOG!"

흥분에 휩싸인 샘과 바네사도 분노에 찬 목소리로 마법의 단어를 따라 외쳤다.

아이들의 머리로부터 몇 센티미터 떨어진 곳에서 마법사가 갑자기 멈췄다.

그리고 그의 형상은 즉시 호수 표면을 향해 움츠러들었다.

Chapter 12

최후의 결전

레크너가 돌아오기로 되어 있는 전날 밤이었다. 샘과 바네사, 알렉스는 마지못해 강당으로 향했다. 가끔씩 제프는 그 커다란 홀에 캠프 참가자들을 위한 뭔가를 준비해 두고는 했다. 일주일 전에는 어린이 오락 프로그램 출연자 한 팀이 초대되었고, 그 전에는 한 여자가 온갖 종류의 뱀, 물고기, 도롱뇽, 개구리, 도마뱀들을 들여와서 캠프 참가자들에게 보여 주었다. 오늘은 어떤 종류의 이벤트가 기다리고 있을지 아무도 몰랐지만, 캠프 전체가 흥분으로 들떠 있었다. 오직 세 아이만이 곧 개봉될 깜짝 이벤트에 그다지 관심을 갖지 않고 있었다.

"아무래도 그 책을 없애야 할 것 같아."

샘이 말했다.

"우리가 그 책을 파괴해 버리면, 성도 사라질 거야. 레크너가 있지도 않은 성 안에 우리를 가둬 둘 순 없겠지? 게다가 그렇게 되면 레크너도 끝장이 날 테고."

"그렇지만 마고트는 어떡해?"

바네사가 물었다.

"친절한 외눈박이 마고트도 역시 산산조각 날걸."

"네 말이 맞아."

샘이 말했다. 한동안 입을 다물고 있던 샘이 말을 이었다.

"나한테 한 가지 생각이 있는데, 우리 부모님께 전화해서 우리를 집에 좀 데려가 주시라고 하면 어떨까? 그냥 집이 그립다고 하면 될 거야."

"그렇지만 레크너는 바로 내일 오잖아."

바네사가 반대 의견을 내놓았다.

"우리 부모님들이 그렇게 빨리 우리를 데려가실 수는 없어. 그리고 레크너는 우리가 어디에 있든 쫓아올걸."

아이들은 강당에 들어서서 주위를 둘러보았다. 뒤쪽 의자들은 밧줄로 묶여 있었기 때문에 모두들 앞쪽에 모여 있었다. 세 개가 나란히 비어 있는 자리는 찾기가 힘들었다. 어쨌든 샘이 자리 몇 개를 찾아냈고 세 친구는 나란히 앉게 되었다.

"안녕하십니까, 친애하는 와콘다 국민 여러분!"

모든 아이들이 좌석에 앉자마자 제프가 말을 하기 시작했다.

"저는 여러분이 모기에 뜯기더라도 야외에서 활동하기를 원한다는 것을 알고 있습니다. 그러나 또한 저는 가끔 여러분도 우리의 귀중한 활동을 잠시 멈추고 영화를 보기를 원할지도 모른다는 생각을 했습니다!"

캠프 감독의 말에 찬성한다는 함성이 여기저기서 터져 나왔기 때문에 제프는 잠시 기다렸다가 다시 말을 시작했다.

"오늘의 특집 영화는 서스펜스와 기상학의 심오한 세계로 떠나는 스릴 만점의 여행 이야기로서, 이 초대형 블록버스터 영화의 제목은……."

제프는 종이 한 장을 주섬주섬 펴더니 큰 소리로 보고 읽었다.

"끝없는 바다입니다."

비록 영화의 제목은 거의 들어 본 적이 없는 것이었지만 관중들은 열정을 잃지 않았고 다들 기대에 찬 얼굴로 스크린을 쳐다보았다.

알렉스가 다른 캠프 참가자들의 활기찬 얼굴들을 유심히 살펴보는 동안, 그의 표정이 바뀌었다. 그는 미친 듯이 강당 뒤쪽을 가리키면서 날카로운 목소리로 말했다.

"너희들도 보이니?"

샘과 바네사는 자기 친구가 가리키는 곳을 보고 나서, 다시 곤혹스런 얼굴로 알렉스를 쳐다보았다.

"바네사, 샘! 눈을 크게 떠 봐! 빈 줄이 두 개 있잖아!"

알렉스가 벌떡 일어섰다.

"여기 있는 의자의 총 개수를 세어 봐야겠어."

그가 더듬거리며 말했다.

"도대체 무슨 일이니?"

바네사가 무슨 말인지 전혀 모르겠다는 표정으로 물었다.

"곧 알게 될 거야."

알렉스가 한 줄에 있는 의자가 몇 개인지 세면서 말했다.

"내가 생각했던 대로야. 한 줄당 의자가 30개씩이네. 자, 그럼 이제 줄이 모두 몇 개지? 10개! 30 곱하기 10은 300. 이 강당에는 좌석이 모두 300개 있고 30개의 좌석이 있는 줄 2개가 비어 있어. 와우!"

"알렉스가 드디어 알아냈다."

샘이 바네사에게 말했다.

"보이니? 그 동굴에는 뭔가가 있어!"

"맙소사!"

알렉스가 말했다.

"지금처럼 내가 예리해 본 적이 없어! 이건 꼭 일곱 번째 수수께끼 같잖아. 강당이 바로 우리의 '커다란 홀'이었어. 너희들 그 수수께끼의 이상한 끝부분 기억하니? '그 스크린이 바로 너의 모든 근심이 끝나는 곳이야. 그러니 잘 보고 절망하지 말라.' 지금 우리가 절망에 빠져 있는 상태이고 영화가 막 시작하려고 하잖아. 우리 문제는 바로 이 영화에서 해결될 거야!"

샘과 바네사가 알렉스를 보고 있는 동안 그들의 혼란은 환희로, 환희에서 감탄으로, 감탄에서 경외감으로 바뀌었다.

"알렉스, 너야말로 모든 시대를 통틀어서 최고의 수수께끼 해결사야!"

샘이 숨을 죽이고 말했다.

"드디어 우리도 영화를 즐겁게 볼 수 있게 되었네."

바네사가 말하면서 편안한 자세로 앉으며 고개를 스크린으로 향했다. 조명이 점점 어두워지면서 영화가 시작되었다.

영화는 바다로 나갔다가 두꺼운 안개에 갇히게 된 세 명의 어부에 대한 모험 이야기였다. 그들은 여러 날 동안 표류했으며, 음식과 식수도 서서히 떨어지기 시작했다. 해안이 어딘지 전혀 가늠할 수 없는 상태에서 그들은 조만간 안개가 걷히기를 바라고 있었다. 그러나 아무것도 변하지 않았고 그들은 자신들이 곧 끔찍한 갈증과 배고픔에 직면하게 될 것을 깨달았다.

한 번은 어떤 바다 생물에 의해 그들의 작은 배가 거의 뒤집힐 뻔했다. 또 한 번은 원양 어선 한 대가 그들의 바로 몇 미터 앞을 지나갔다. 그러나 그 배 위의 누구도 어부들이 소리 지르는 것을 듣지 못했고 배는 그냥 지나쳐 버렸다.

또 다른 수많은 모험과 위기를 겪고 난 후 완전한 절망에 빠져 있던 이 세 사람은, 드디어 상황을 이해하는 것같이 보이는 한 무리의 돌고래들에 의해 구조되어 그들의 안내로 배를 해안에 댈 수 있었다.

"이게 다야?"

영화 자막이 올라가고 강당의 조명이 다시 들어오자 샘이 말했다.

"우리 셋을 도와줄 돌고래는 없는 것 같은데?"

알렉스가 옆에서 한숨을 지었다.

바로 전에 느꼈던 희망은 흔적 없이 사라지고 말았다. 오두막집으로 이어지는 어두운 길을 터벅터벅 걸으면서 아이들은 상황을 다시 생각해 보았다.

"그 영화는 우리에게 아무런 힌트도 주지 않았어."

샘이 머리를 흔들면서 말했다.

"외눈박이 마고트가 결국 우리를 실망시켰어. 그리고 내일 우리는 벌을 받을 거야."

"우리에게는 아직 이 'AFGOI'라는 단어가 있잖아."

바네사가 대꾸했다.

"어쩌면 그것이 마법의 단어일지도 몰라. 최후에는 마고트가 해낼 것이라고 나는 믿어."

그렇게 말하면서도 바네사의 목소리는 그다지 확신이 없는 듯 들렸다.

"얘들아!"

알렉스가 말했다.

"일주일 전에 레크너가 내 밧줄을 끊어 놓은 뒤 마고트가 한 말 기억나니? '만약 비밀의 단어 한 개를 레크너의 사악한 얼굴에 대놓고 말한다면 레크너는 이 황폐한 곳에 영원히 갇히게 될 것이다.' 그건 바로 레크너의 성을 말하는 것이고 그 성은 책 속에 있어. 그러니까 내일 우리는 스키 부두에 책을 가져가서, 레크너가 나타나기를 기다렸다가, AFGOI를 그에게 말하는 거야. 이제는 우리의 운이 좋기를 바라는 수밖에 없어."

지금은 더 이상 다른 할 말도, 할 일도 없었기 때문에 아이들은 각각 자기 숙소로 자러 갔다. 알렉스와 샘은 남자 아이들의 숙소 쪽으로, 바네사는 여자 아이들 숙소 쪽으로.

다음 날 아침, 세 친구는 아침밥도 거르고 스키 부두로 곧장 달려갔다. 그들은 다른 아이들과 교관들이 해안 활동을 하러 오기 전에 거기에 가 있고 싶었다. 알렉스는《제이든 구출작전》을 자기의 배낭에 숨겨 왔다.

부두로 가는 길에 그들은 캠프 쪽으로 다시 올라가고 있는 론을 만났다.

"애들아, 안녕? 제프 감독님이 수상스키를 다시 해도 좋다고 한 걸 알면 너희들 기분도 꽤 괜찮아지겠지? 그리고 새 밧줄을 샀단다. 알렉스, 오늘 한 바퀴 돌고 싶지 않니? 이번 밧줄은 절대로 끊어지지 않을 거야. 약속할게."

"론 아저씨, 고맙지만 제가 수상스키를 다시 탈 수 있을지는 모르겠어요."

알렉스가 걱정스런 눈으로 론의 손에 들려 있는 밧줄을 쳐다보면서 말했다.

"그래."

론이 말했다.

"마음이 바뀌면 알려 줘. 30분 후면 부두에 내려가 있을 거니까. 모터보트를 가져와야 하거든. 좀 있다 보자."

공기가 서늘했다. 세 아이는 모래가 깔려 있는 해변을 걷는 동안 몸을 떨었다. 새들이 와콘다 캠프의 물가에서 무슨 일이 일어나려 하는지 전혀 알지 못한 채 언제나처럼 즐겁게 지저귀고 있었다.

스키 부두가 보이기 시작하자, 아이들은 곧 레크너가 나타날 것을 예상하면서 걸음을 늦췄다. 그렇지만 이상한 조짐은 어디에서도 찾을 수 없었다.

아이들은 부두 밑의 잿빛이 감도는 푸른 물결을 불안하게 내려다보면서 부두 위로 올라섰다.

곧 모든 것이 침묵에 휩싸였다. 새들조차 노래를 멈추었다. 나뭇잎과 호수를 흔들던 공기의 미세한 움직임도 전혀 느껴지지 않았다. 알렉스는 이제 곧 사람들이 나타나리라 기대하면서 언덕 위를 걱정스럽게 바라보았다.

그런데 바로 그때 일이 일어났다. 물에 거품이 일면서 부두 주변 전체가 쉭쉭거리는 소리를 내기 시작했다. 그리고 눈에 익은 위협적인 얼굴이 다시 한 번 아이들 앞에 모습을 드러냈다.

레크너의 이미지가 한 마디 말도 없이 아래쪽으로부터 아이들을 노려보고 있었다. 그는 분명 제이든을 자신의 손아귀에 넣을 수 있으리라고 기대하고 있었다.

"빨리 말해!"

샘이 알렉스에게 작지만 단호한 목소리로 속삭이며 그를 부두의 가장자리로 밀었다.

알렉스는 오들오들 무릎이 떨리는 걸 느끼면서《제이든 구출작전》을 배낭에서 꺼내 목청을 가다듬었다.

"AFGOI……."

알렉스는 주저하는 목소리로 말하고 나서 불안한 표정으로 바네사를 쳐다보며 한 걸음 뒤로 물러섰다.

"다시 한 번 말해, 더 크게!"

바네사가 재촉했다. 바네사의 얼굴은 그들 뒤에 서 있는 자작나무들만큼이나 창백했다.

"AFGOI!"

알렉스가 약간 더 힘을 줘서 반복했다. 그러나 레크너의 이미지는 자신의 제물들을 노려보고 있을 뿐이었다.

그의 입이 열리기 시작했고 무시무시한 웃음소리가 물 밖으로 들리기 시작했다. 갑자기 어디선가 강한 바람이 불어와 마치 폭풍 전야처럼 나무들을 거세게 흔들었다. 별안간 구름이 하늘을 덮었다.

"아무 소용없어! 이건 틀린 단어였어!"

알렉스가 울부짖었다.

"이제 어떻게 하지?"

바람이 그의 손에서 책을 뜯어내려 하는 것 같았고 호수의 거센 물결이 스키 부두의 보드까지 넘쳤다.

갑자기 레크너의 이미지를 둘러싼 물이 천천히 마법사의 형상을 갖추면서 아이들을 향해서 솟아오르기 시작했다. 물로 된 팔들이 호수 밖으로 뻗어 나왔다.

샘이 미친 듯이 소리쳤다.

"글자의 순서를 다르게 해 봐!"

"IOFGA!"

알렉스가 있는 힘껏 소리를 질렀다.

"GAFIO!"

하지만 아무 일도 일어나지 않았다. 웃음소리와 바람만 심해질 뿐이었다.

이제 레크너의 형상이 희미하게 빛나는 파란색의 호 모양으로 아이들을 향해 몸을 구부리면서 부두 위로 올라왔다.

마법사는 아이들의 눈앞에서 점점 더 거대해지고 있었으며, 아이들을 압도하는 형체의 맨 위에 그의 무자비한 얼굴이 마치 가면처럼 떠 있었다.

샘은 어쩔 줄을 몰라 했지만, 바네사의 표정은 마치 중요한 뭔가가 갑자기 생각난 듯이 돌변했다. 그녀는 헐떡거리며 알렉스 쪽으로 돌아섰다.

"그 안개! 그 안개 말이야! 마지막 수수께끼 속에 있던 힌트!"

"무슨 말을 하는 거야?"

알렉스가 거의 울부짖으면서 물었다.

"이해가 안 돼……."

"'안개'는 '포그(fog, 짙은 안개)'랑 비슷한 단어잖아!"

바네사가 외쳤다. 바네사의 말이 너무 빨라서 다른 아이들은 거의 따라가지 못할 지경이었다.

"어젯밤 영화는 세 명의 어부가 짙은 안개fog 속에서 길을 잃는 이야기였어. 그래도 모르겠니? 네 이름 말이야. 알렉스 아이작 포그(Alex Isaac Fog). 바로 A. I. Fog잖아. 그 글자들을 마법의 단어가 되게 다시 맞추면 바로 AIFOG야!"

"알렉스, 말해!"

바네사의 말을 이해한 샘이 외쳤다. 그의 표정은 완전한 기쁨에 겨워 순식간에 밝아졌다.

"결국 그 단어는 너를 의미한 것이었어. 그에게 지금 네 이름을 말해!"

바로 그때, 레크너가 거대한 높이에서 마치 눈사태처럼 아이들을 덮쳤다. 이 세상 어느 것도 그들을 막 삼키려 하는 그 거대한 덩어리를 막을 수 없을 것 같았다. 그러나 바로 그 순간, 뭔가가 일어났다.

"AIFOG! AIFOG! AIFOG!"

알렉스가 《제이든 구출작전》을 머리 위로 높이 들어 올리면서 외쳤다.

"AIFOG! AIFOG!"

흥분에 휩싸인 샘과 바네사도 분노에 찬 목소리로 마법의 단어를 따라 외쳤다. 아이들의 머리로부터 몇 센티미터 떨어진 곳에서 마법사가 갑자기 멈췄다. 그리고 그의 형상은 즉시 호수 표면을 향해 움츠러들었다. 아이들은 계속 'AIFOG!'를 외쳤고, 그 소리가 마치 강풍처럼 마법사를 공격하는 것 같았다. 그들이 그 말을 내뱉을 때마다 레크너의 얼굴은 고통스러운 듯 흔들렸다. 승리의 환희에 찼던 그의 표정은 절망과 공포로 바뀌었으며 마침내 그는 다시 부두 옆에 떠 있는 평평한 이미지로 돌아가 버렸다.

레크너 주변의 물이 돌기 시작하더니 마치 회오리처럼 점점 더 빨리 돌아갔다. 아이들은 머리끝부터 발끝까지 물벼락을 맞았다. 호수에서 물이 콸콸 쏟아져 나오는 소리는 마치 거대한 폭포가 다가오기라도 하듯이 점점 더 커졌다. 그러고 나서 그림자 하나가 물속에서 나와 공중으로 솟구치더니 책의 뒤표지에 있는 문을 통해서 책 속으로 빨려 들어갔다.

알렉스의 손은 미친 듯 몸부림치는 소방 호스를 들고 있는 것처럼 덜덜 떨렸다. 문은 스스로 '쿵' 하고 닫혔으며, '딸깍' 하는 소리가 들렸고, 다시 모든 것이 침묵 속에 가라앉았다. 레크너의 영상은 사라졌고, 소용돌이가 멈춘 호수는 다시 잔잔한 수면 위로 부드러운 물결을 일렁이고 있었다. 바람이나 구름의 흔적은 전혀 남아 있지 않았다. 마치 아무 일도 일어나지 않았던 것만 같았다.

알렉스와 바네사, 샘은 책을 쳐다보았다. 뒤표지에 있던 문은 단지 잠긴 것만이 아니었다. 아예 사라져 버리고 없었다. 책의 뒤표지는 알렉스가 책장에서 처음 책을 보았을 때처럼 매끈했다. 알렉스가 책을 펴려고 했으나 책은 펴지지 않았다. 《제이든 구출작전》은 하나의 단단한 덩어리가 되어 있었다.

알렉스는 초조한 모습으로 입술을 핥고는 책을 조심스럽게 배낭에 넣었다. 아무런 말도 없이 세 아이는 이른 아침 햇빛 속에서 그저 서로를 쳐다보면서 꼼짝 않고 서 있었다.

그때 론이 모는 모터보트 소리가 그 마법에 걸린 순간을 깨웠다. 아이들은 론이 일어서서 보트를 부두에 매는 것을 지켜보았다. 론이 보트 밖으로 뛰어 나올 때, 아이들은 그가 구명조끼를 들고 있는 것을 보았다.

"이제 스키 탈 준비가 되었어."

알렉스가 조용히 말하고는 신발을 벗기 시작했다.

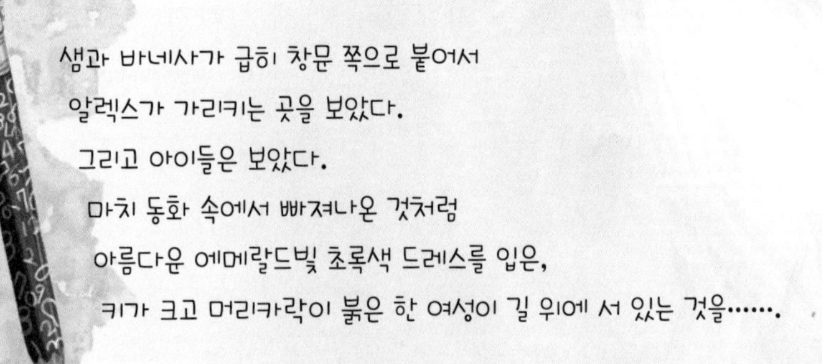

샘과 바네사가 급히 창문 쪽으로 붙어서
알렉스가 가리키는 곳을 보았다.
그리고 아이들은 보았다.
마치 동화 속에서 빠져나온 것처럼
아름다운 에메랄드빛 초록색 드레스를 입은,
키가 크고 머리카락이 붉은 한 여성이 길 위에 서 있는 것을…….

Chapter 13

제이든 여왕이여, 안녕

개학할 즈음에 이미 와콘다 캠프는 하나의 추억……그러나 결코 잊지 못할 추억거리가 되어 있었다. 그 믿을 수 없었던 캠프에서 돌아오자 알렉스는 《제이든 구출작전》을 다시 책장에 꽂는 것으로 그 해 여름을 정리했다. 이제 스쿨버스에서 샘, 바네사와 나누는 대화 역시 지극히 평범하고 일상적인 것뿐이었다.

"우리들 선생님이 어떤 분이 되실지 궁금해."

샘이 말했다.

"만약 우리가 모두 같은 반이 된다면 굉장하지 않을까?"

바네사가 말했다.

"당연하지. 하지만 그런 일은 일어나지 않을 거야."

샘이 말했다.

"확률이 얼마나 될까?"

알렉스가 활짝 웃으면서 말하고는 배낭에서 종이 꺼내는 시늉을 했다.

"음, 한번 계산해 보자……."

"싫어! 그냥 우리의 손가락, 발가락, 팔, 다리를 걸고 같은 반이 되게 해 달라고 비는 게 나아."

바네사가 마치 꽈배기처럼 몸을 비틀면서 깔깔 웃었다.

갑자기 알렉스가 숨을 멈췄다.

"얘들아……!"

샘과 바네사가 급히 창문 쪽으로 붙어서 알렉스가 가리키는 곳을 보았다. 그리고 아이들은 보았다. 마치 동화 속에서 빠져나온 것처럼 아름다운 에메랄드빛 초록색 드레스를 입은, 키가 크고 머리카락이 붉은 한 여성이 길 위에 서 있는 것을…….

스쿨버스가 다가가자, 그녀는 머리를 치켜들고 버스 창문을 통해 무언가를 찾는 것 같았다. 잠깐 동안 아이들은 그녀의 깊은 초록색 눈을 정면으로 마주 보았다.

버스가 지나는 동안 그녀는 아이들에게 손을 흔들어 주었다.

"제이든……."

어느새 알렉스의 눈가에 이슬이 맺혔다. 지난 여름에 겪었던 모험이 마치 한 편의 영화처럼 머릿속을 빠르게 스치고 지나갔다. 평생 잊지 못할 아름다운 추억을 간직하게 해 준 그 시간에게, 그리고 외눈박이 마고트와 399명의 괴물들에게 알렉스는 무한한 감사를 느꼈다.

샘이 놀란 목소리로 외쳤다.

"저 사람은……!"

바네사가 울먹이는 목소리로 샘의 말을 가로챘다.

"그래, 샘. 우리에게 작별 인사를 하고 싶었나 봐."

알렉스는 아무 말도 하지 않았지만 그의 얼굴에 퍼지는 커다란 미소가 수많은 것을 말해 주고 있었다.

이딜리아의 여왕이여, 안녕.

Appendix

여왕 구출 노트

《수학여왕 제이든 구출작전》 속의 흥미로운 문제들을
우리 교과 과정과 연결해서 좀 더 알아봅시다.

1. 개미 친구 방문(본문 15쪽)

개미 한 마리가 긴 나뭇가지의 한쪽 끝에 앉아 있다. 갑자기 이 개미는 나뭇가지 반대편 끝에 친구가 앉아 있는 것을 발견했다. 개미는 자기 친구를 찾아가기로 마음먹었다. 개미는 1초에 2cm를 움직이는 속력으로 걷기 시작했다. 이 개미가 친구에게 도착하기까지 7초가 걸렸다. 나뭇가지의 길이는 얼마일까?

관련 교과	수학 6-1(2. 비례식과 비례배분)
관련 개념	비, 속력

해설 이 문제는 초등학교 6학년이 배우는 비례식과 관련된 내용입니다.

$2:3=4:6$처럼 비의 값이 같은 두 비를 등식으로 나타낸 식을 **비례식**이라고 합니다. 그리고 이 등식에서 안쪽에 위치하는 3과 4

를 내항이라고 하고 바깥쪽에 있는 2와 6을 외항이라고 합니다. 이러한 비례식의 문제는 내항끼리의 곱이 외항끼리의 곱과 같다는 성질을 이용해서 해결합니다.

개미 친구의 방문 문제는 이러한 비례식을 사용해 1초:2cm=7초:□cm라고 표현할 수 있습니다. 이제 내항의 곱은 외항의 곱과 같으므로 1×□=2×7이 되지요. 답은 14가 됩니다.

여기에서 덧붙여 상급 학교로 올라가면 중요한 개념으로 다루어지는 '속력'에 대해 정리해 두면 더욱 좋습니다. 속력이란 단위시간당 이동한 거리를 나타내는 단위입니다. 이것을 식으로 나타내어 보면 $(\text{속력})=\frac{(\text{거리})}{(\text{시간})}$가 됩니다.

만약 (거리)를 구하고 싶을 땐 (속력)×(시간)을 계산하면 되겠지요?

이 문제의 개미는 1초에 2cm라는 거리를 이동했으므로 속력이 2cm/초가 됩니다. 만약 7초 동안 얼마를 움직였는지 알고 싶다면 7에 2를 곱해 구하면 되지요.

2. 두 마을에서 출발한 트럭(본문 18쪽)

트럭 한 대가 A마을을 떠나 시속 45km 속력으로 B마을을 향해 가고 있다. 또 한 대의 트럭이 B마을을 떠나 시속 54km의 속력으로 A마을을 향해 간다. 그리고 이 두 트럭은 20분 후에 만난다. A마을과 B마을 사이의 거리는 얼마일까?

관련 교과	수학 3-1(5. 길이와 시간) 수학 4-2(6. 규칙 찾기) 수학 6-1(2. 비례식과 비례배분)
관련 개념	길이와 시간, 두 수 사이의 관계, 비, 속력

해설 이 문제는 우선 문제가 제시하고 있는 상황을 잘 이해해야 합니다. 트럭이 두 대가 있고 서로 다른 마을에서 출발했지만 이 두 트럭이 만날 때까지 걸린 시간은 똑같이 20분이 걸렸다는 점을 기억하세요. 그리고 A마을과 B마을 사이의 거리는 A마을을 출발한 트럭이 이동한 거리와 B마을을 출발한 트럭이 이동한 거리를 더하면 되겠지요?

자, 이제 개미 문제에서 배운 것처럼 A마을을 출발한 트럭이 이동한 거리는 시간에 속력을 곱하면 알 수 있는데 1시간에 45km를 간다고 했으니 20분이 몇 시간인지 생각해 내서 곱해야 합니다. 1시간은 60분이므로 결국 20분은 $\frac{1}{3}$시간이라고 할 수 있겠네요. 그럼 이제 $\frac{1}{3}\times45=15$km인 것을 구할 수 있습니다. 같은 방법으로 B마을을 출발한 트럭이 이동한 거리도 18km임을 구할 수 있고 이것을 더하면 두 마을이 33km 떨어져 있음을 알 수 있답니다.

3. 외눈박이 괴물의 집에 놀러 온 세눈박이 괴물(본문 51쪽)

나에게는 9명의 아들이 있는데

모두 외눈박이 괴물들이지.

나는 이 녀석들이 장난감을 갖고 놀 때면

너무나 사랑스러워서 눈을 뗄 수가 없다네.

어느 날 세눈박이 괴물 하나가

자기 아들들을 데리고 놀러 왔다네.

이 손님들은 모두 툭 튀어나온 눈을 3개씩 갖고 있었네.

오, 모두 모이니 정말 엄청나게 눈이 많았지.

우리 모든 괴물들이 가진 눈을 합하면

정확히 40개라네.

그러면 눈이 3개 달린 아이들은 몇 명이 있었을까?

숫자는 절대로 거짓말을 하지 않지.

관련 교과	수학 4-1(6. 규칙 찾기) 중학수학 1(상)(3. 방정식)
관련 개념	논리적으로 추론하기, 예상하고 확인하기, 일차방정식

해설 우선 괴물 이야기라고 겁먹지 말고 무슨 말인지 차근히 읽다 보면 쉽게 풀 수 있습니다. 책의 풀이 부분이 매우 잘 설명되어 있으므로 여기서는 중학생이 되면 만나게 되는 일차방정

식을 이용하는 방법을 설명하겠습니다.

세눈박이 아이들의 수를 아직 모르므로 □명이라고 하고 모든 괴물의 눈을 다 합하면 40개라는 사실을 식으로 만들어 봅니다.

우선 외눈박이들은 아버지와 합해서 모두 10명인데 눈이 1개씩이므로 눈도 10개입니다. 다음은 손님인 세눈박이. 이들은 아버지를 합해서 모두 □+1명이므로 여기에 3을 곱하면 세눈박이 괴물들의 눈의 개수는 3(□+1)개입니다. 따라서 10+3(□+1)=40이라는 식을 만들 수 있지요. 이렇게 모르는 수를 □라고 두고 문제의 힌트를 식으로 만들 때 우리는 이것을 **방정식**이라고 합니다.

자, 이제 초등학생 여러분이라면 3(□+1)=30이고 □+1=10이라고 생각해서 풀 수 있고 결국 세눈박이 괴물 아이들은 9명이라는 사실을 알아낼 수 있지요.

중학생 언니가 되면 □를 좀 더 멋지게 x라고 두고 등식의 성질을 이용해서 간단하게 풀 수 있답니다. 즉,

$$10+3(x+1)=40$$

$$3(x+1)=40-10$$

$$3(x+1)=30$$

$$x+1=10$$

$$x=9$$

어때요? 얼른 중학교에 가고 싶지 않나요?

4. 딸기를 먹은 뚱뚱이 곰(본문 61쪽)

나는 부드럽고 즙이 많은 딸기를 먹어. 바로 내가 제일 좋아하는 음식이지.
지금 내 몸무게는 500kg이라는 걸 기억해 둬.
나는 방금 저녁식사를 끝냈지. 딸기가 얼마나 맛있던지!
그런데 너무 많이 먹었나 봐. 내가 욕심이 좀 많거든.
저녁 먹기 전의 나는 좀 더 날씬하고 가벼웠는데…….
450kg밖에 안 나갔거든. 정말이야. 맹세할게!
그 맛있는 딸기 한 알은 10g이야. 그 이상도 그 이하도 아니지.
이제 내가 먹어치운 딸기의 숫자를 계산해 봐.
정확해야 해. 짐작만으로는 절대 안 된다고!

관련 교과	수학 5-2(5. 여러 가지 단위)
관련 개념	무게 단위의 환산

해설 우이 문제는 여러분이 이미 알고 있는 뺄셈과 나눗셈을 이용하면 풀 수 있습니다. 하지만 kg과 g 사이의 관계를 알아야 정확하게 풀 수 있지요.

우리가 흔히 사용하게 되는 무게의 단위로는 g(그램), kg(킬로그램), t(톤)이 있는데 이들 단위 사이에는 다음과 같은 관계가 있습니다.

1000g=1kg, 1000kg=1t

5. 머리가 5개인 괴물의 머리 빗기(본문 65쪽)

내 머리들은 하나같이 머리숱이 많아서 빗질을 잘해 줘야 하는데
머리 빗을 시간을 내기가 쉽지 않거든.
그래서 내가 머리 한 개씩 빗을 때마다
우리 엄마는 나에게 10센트짜리 동전을 1개씩 주신단다.
각 머리는 모두 차례차례로 빗겨 주어야 해.
항상 첫 번째, 두 번째, 세 번째, 네 번째, 다섯 번째 순서로 말이지.
우리 엄마는 질서야말로 훌륭한 괴물들이 추구해야 할 으뜸이라고 하시거든.
나는 자랑스럽게도 지금까지 아주 정직하게 12달러를 벌었단다.
그러면 내가 나의 덥수룩한 머리들을 각각 몇 번씩 빗겨 주었을지 맞춰 보렴.

관련 교과	수학 4-1(6. 규칙 찾기)
관련 개념	돈의 단위 환산

해설 우이 문제를 풀려면 미국이나 캐나다 등에서 사용하는 외국 돈에 대해 알면 좋아요. 미국이나 캐나다 등에서 사용하는 돈의 단위로는 센트, 다임, 쿼터, 달러가 있답니다. 10센트가 1다임, 25센트가 1쿼터, 100센트가 1달러예요. 이 중 문제에서는 달러와 센트와의 관계를 이용하면 문제를 풀 수 있답니다.

6. 알렉스가 하루에 통과해야 하는 감옥 방의 수(본문 73쪽)

너의 심장은 용감하고 너의 정신은 강하다.

그리고 제이든은 너에게 의지하고 있다.

아무리 레크너 왕이 협박을 한다 해도 제이든의 자유를 위한 노력은 계속되어야 한다.

그녀는 이미 50개의 방을 지나왔지만 아직도 헤쳐 나가야 할 방은 많이 남아 있다.

마지막 문에 이를 때까지 하루에 몇 개의 방을 통과해야 하는가?

하루 할당량을 정확히 채워야 한다.

마치 시계처럼 꾸준히 나아가야 한다, 제이든이 그 성의 자물쇠를 깨뜨리고 탈출할 때까지

이제 주어진 시간은 5주 남았다.

관련 교과	수학 4-1(6. 규칙 찾기)
관련 개념	논리적으로 추론하기, 나누기

해설 우이 문제는 알렉스가 마법의 책이 아니라 학교 수학 시험을 보다가 환상으로 보게 되는 외눈박이의 문제입니다. 하지만 제이든을 구하기 위해 알렉스와 그의 친구들이 하루에 몇 문제를 풀어야 하는지 계산하는 것이기 때문에 이 답을 구함으로써 알렉스는 자신들의 구출작전의 세부 계획을 세울 수 있게 됩니

다. 문제를 읽고 논리적으로 해석한 후 필요한 조건만을 찾아 잘 나누어 주면 답을 찾을 수 있습니다.

여러분도 자신의 목표를 위해 미리 계획하고 일을 잘 분배하는 습관을 기른다면 그것도 생활 속에서 수학을 실천하는 것이 된답니다.

7. 12개의 은탑 문제(본문 85쪽)

어느 날 레크너 왕이 자신이 가진 마법의 힘을 이용하여 성 한 채를 지었다.

그리고 그 성의 거대한 벽 위로 12개의 은탑을 쌓았다.

각 탑이 모두 훌륭했으며, 각각 바로 전에 쌓은 탑보다 좀 더 높았다.

높이에 관한 문제가 너에게 주어졌으니, 할 수 있으면 한번 풀어 보아라.

가장 낮은 탑이 20미터이고 두 번째 탑은 그보다 5미터 더 높다.

세 번째 탑의 높이는 35미터이고, 다음에 네 번째 탑이 온다.

이 네 번째 탑은 거대한 탑으로 높이가 55미터나 된다. 그러면 한번 말해 봐라.

과연 열두 번째 탑의 높이는 얼마인가? 답은 정말로 쉽도다..

관련 교과	수학 2-2(6. 규칙 찾기) 수학 4-2 규칙과 대응 고등수학 2 수열
관련 개념	규칙 찾기, 논리적으로 추론하기, 계차수열

해설 우이와 같은 문제는 12개 탑의 높이 사이에 어떤 규칙이 숨어 있는지 찾는 것이 가장 중요합니다. 그러기 위해서는 문제를 잘 읽고 그림으로 표현해 보는 것이 도움이 될 것입니다. 높이의 차이가 계속 2배가 되어가는 규칙을 찾게 된다면 그 다음은 끈기를 가지고 더하기만 하면 풀 수 있습니다.

그런데 만약 열두 번째의 탑이 아니라 120번째의 탑의 높이를 구하는 문제였다면 어떻게 될까요? 어쩌면 더하다가 지쳐 버려 책을 덮어 버릴지도 모를 일입니다.

고등학교 언니들의 책을 들여다보면 똑같은 상황에서 나타나는 이와 같은 규칙을 가진 수열에 대해 배웁니다. 그것을 계차수열이라고 하는데요, 나중에 이것을 배우면 다시 들여다보기로 하고 조금 어려운 식으로 한번 풀어 볼게요.

$$a_n = a_n + \sum_{k=1}^{n-1} b_k = 20 + \sum_{k=1}^{n-1} 5 \cdot 2^{k-1}$$

$$= 20 + \frac{5(2^{n-1} - 1)}{2 - 1} = 20 + 5(2^{n-1} - 1)$$

이렇게 나온 것이 은탑의 높이를 구하는 식이 됩니다. 그리고 열두 번째 탑의 높이를 구하고 싶으면 n대신 12를 넣어 계산하면 됩니다.

$$a_{12}=20+5(2^1-1)=10255$$

어때요? 멋지게 보이지만 아직은 너무 복잡하지요? 더하는 계산을 좀 더 간단하게 하는 방법을 나중에 배운다는 정도로 기억해 두면 좋겠네요.

8. 거북이 보초의 형제들(본문 94쪽)

나에게는 나보다 나이가 많거나 적은 형제들이 여럿 있다.
우리는 모두 10년 터울이고 내가 우리 형제들의 중간이다.
너희들이 얼마나 똑똑한지 어디 한번 볼까?
막내 동생의 나이가 10살이라는 사실만 살짝 알려 줄게.
유감스럽게도 나머지는 까다로우니 잘 들어 봐라.
우리 형제들의 나이를 전부 합치면 1,200살이 된다.
그렇다면 나는 몇 살인지 알겠니?
지금 나에게 그걸 말해 준다면 너희들의 눈물이 모두 마를 텐데…….

관련 교과	수학 2-2(6. 규칙 찾기) 수학 4-2 규칙과 대응 고등수학 2 수열
관련 개념	규칙 찾기, 논리적으로 추론하기, 등차수열의 합

해설 우이 문제 역시 은탑의 문제처럼 문제 속에서 규칙을 찾는 것이 가장 중요합니다. 그런데 아까 은탑 문제보다는 조금 더 쉬운 규칙이 주어져 있네요. 바네사가 푼 것처럼 막내 동생 10살에서 출발해 형제들의 터울인 10살을 계속 더해 모두 1,200살이 될 때까지 더해 보면 됩니다.

그런데 이 문제 역시 형제들이 너무 많은 괴물의 경우엔 바네사도 손을 들 수밖에 없을 정도로 시간이 많이 걸리지요.

고등학교 언니들은 등차수열의 합을 이용해 이 문제를 해결할 수 있습니다. 예를 들어 1부터 10까지 더한다고 생각해 보세요.

$$1+2+3+4+5+6+7+8+9+10$$

이제 똑같은 덧셈식을 아래에 거꾸로 적어 봅니다.

$$1+2+3+4+5+6+7+8+9+10$$
$$10+9+8+7+6+5+4+3+2+1$$

동그라미 속의 위와 아래의 수를 합하면 신기하게도 모두 11인 것을 알 수 있습니다. 이제 동그라미가 10개이니 $11\times10=110$은

1부터 10까지 두 번 더한 결과이므로 2를 나누어 얻은 55가 1부터 10까지의 합입니다.

이러한 생각을 정리해 보면 결국 첫 번째 수에 마지막 수를 더한 후 더한 개수를 곱하고 2로 나누어 주면 원하는 합을 얻을 수 있습니다. 이것은 유명한 수학자이자 '수학의 왕자'라는 별명으로 불리는 가우스가 10살 무렵 1부터 100까지의 합을 구할 때 사용했던 방법입니다.

이제 이 방법을 거북이 보초의 문제에 적용해 보면, 막내 동생은 10살, 그 다음은 10+10살, 다음은 10+2×10살, 가장 나이 많은 형은 $10+(x-1)10$살이라고 둘 수 있습니다.

따라서, $\frac{x\times\{10+10+10(x-1)\}}{2}=1200$이라는 식을 만들 수 있지요.

이 식을 풀면 역시 x의 값은 15라는 것을 구할 수 있게 된답니다. 15형제 중에 가장 가운데는 여덟 번째니까 거북이 보초는 80살이지요!

9. 거품 행성(본문 99쪽)

엑스포넨시아는 수많은 거품들이 모여서 노는 행성이다.

자기들끼리 번식하는 것이야말로

거품들이 매일매일 가장 즐기는 놀이지.

일단 거품이 2개 모이면

그들은 번식을 시작해.

어느 누구도 거품들의 번식 속도를 따라잡을 수 없어.

미리 충고하는데 따라할 생각은 아예 하지 말도록.

딱 4단계만 거치면, 어떤 마법을 쓰지 않고도

2개의 거품이 무려 65,536개의 거품이 된다.

그런데 엑스포넨시아로서는 다행스럽게도

거품을 사냥하는 고기들이 있다.

고기들 덕분에 거품의 숫자는

현기증이 날 정도로 증가하진 않아.

그렇지 않았다면 이 행성의 표면은

아주 빠른 속도로 거품 바다가 되었을 거야.

거대한 거품 바다에서는

결코 즐겁게 지낼 수 없을 테니까!

거품들이 어떻게 이렇게 번식할 수 있는지 나한테 말해 봐.

거품의 패턴은 무엇인가?

힌트를 하나 주도록 하지!

그것은 정사각형과 관련이 있어.

관련 교과	수학 4-2 규칙과 대응
관련 개념	규칙 찾기, 논리적으로 추론하기, 제곱

해설 우이 문제를 풀기 위해서는 몇 단계 거치지 않았는데 거품의 수가 너무나 많아졌다는 것에 초점을 두어야 합니다. 앞의 두 문제에서 보았듯이 계속 어떤 수를 더하거나 곱하는 정도로는 단 4단계 만에 65,536개가 되기 어렵습니다.

그렇다면 두 번 곱하거나 세 번 곱하는 것과 같은 계산을 생각해야 하는데 마지막에 '정사각형'이라는 힌트가 결정적입니다. 정사각형은 영어로 스퀘어sqare라고 하는데 이 말은 '제곱'한다는 뜻도 함께 갖고 있습니다. 따라서 2를 제곱하는 것에서 출발해서 4단계에는 256을 제곱하여 65,536이라는 값을 얻게 됩니다.

10. 인어와 금화(본문 102쪽)

누더기 차림의 데니는 어부였다네.

그는 가난했고 배는 낡아빠졌지.

평생 동안 데니는 큰 재산을 갖기를 꿈꿨다네.

매일 그는 금에 대해서 생각했지.

만약 인어가 그물에 걸리기라도 한다면

몸값을 상당히 많이 받을 수 있다는 말을 들었거든.

어느 추운 날 아침,

데니는 자기 배에 혼자 침울하게 앉아 있었네.

깊은 생각에 잠긴 그는

뱃사람들이 마시는 럼주로 몸의 온기를 유지하면서

물을 내려다보고 있었지.

그런데 갑자기 뭔가가 당기는 것 같더니

그물이 갑자기 춤을 추기 시작했네.

데니는 그물을 잡아당겼네. 심장이 콩닥콩닥 뛰고 있었어.

이것이야말로 기회일지도 몰라!

처음에 그는 온통 비늘로 덮인 꼬리를 보았네.

그냥 물고긴가?

그러나 잠시 후

데니는 자기 소망이 이루어졌음을 알았네.

만세!

이제 배 안에 인어 한 마리가 있었네.

인어는 최고로 화가 나 있었어.

데니가 그녀에게 말했네.

“내가 널 잡았다.

나한테 금을 주면 너는 다시 자유롭게 바다를 헤엄칠 수 있어.”

“당신의 소원을 들어 드리겠어요, 선량한 어부님.”

인어가 미소 띤 얼굴로 말했네.

“제가 금화 3닢을 드리겠어요.

이 정도면 당분간 지내실 만할 거예요.

만약 돈을 더 원하시면

그냥 ‘제곱!’이라고 말씀만 하세요.

곧 당신은 물고기를 잡지 않아도 되실 거예요.

백만장자가 되실 거니까."

데니는 그 금화 3개를 받고 인어를 풀어 주었네.

그는 정말로 기분이 좋았다네.

인어가 물속으로 들어갈 때, 그는 외쳤네.

"제곱!"이라고.

그러자 금화가 9개가 되었다네.

9개의 금화로 그는 많은 것을 살 수 있을 것이고,

즐거움은 이제 막 시작되었을 뿐이라네.

"제곱!"

그는 다시 소리쳤고, 금화는 이제 아홉을 아홉 곱한……

우와, 81개의 금화라니!

81은 정말 큰 숫자지만, 이걸로는 충분하지 않아.

"제곱!"

데니는 다시 소리쳤고, 6,561개의 금화를 갖게 되었네.

그렇지만 슬프게도 그는

자신의 배 안에 물이 차는 것을 보지 못했네.

데니의 낡은 배는 간신히 버티고 있었네.

배가 가라앉을 것인지, 아니면 계속 떠 있을 수 있을는지…….

탐욕스러운 데니의 욕심은 끝이 없었고

배는 더 이상 버티지 못했네.

"제곱!"

그는 헐떡거리면서 말했고, 잠시 후

그와 그의 배 그리고 금화는 물속으로 사라져 버렸다네.

이제 당신은 알 것이네.

왜 인어 낚시가 해로운지.

당신은 데니의 전 재산을 가라앉게 한

그 무거운 숫자를 알겠는가?

관련 교과	수학 4-1(3. 곱셈과 나눗셈)
관련 개념	제곱, 큰 수의 곱셈

해설 우이 문제는 매우 길게 묘사되어 있지만 제곱이라는 뜻을 알기만 한다면 실제 해결해야 하는 문제는 가장 단순하다고 할 수 있습니다. 제곱은 자기 자신을 자기 자신과 곱하는 것을 의미합니다. 그래서 자연수를 제곱해서 만들어지는 수, 즉 1, 4, 9, 16……과 같은 수를 **제곱수**라고 부르지요.

문제는 쉽지만 어부와 같이 자신의 욕망을 분수껏 채우고 만족하는 일은 그리 쉬운 것만은 아닙니다. 여러분도 꿈은 크게 갖되 자신의 욕심을 채우는 것은 적절하게 할 수 있어야겠죠?

11. 다이얼의 숫자 x와 y(본문 123쪽)

나를 열려면 두 개의 숫자를 알아야 한다. x와 y.

그리고 세 번째 숫자가 또 있다. 42.

이제 내가 분명하게 알려 주지.

x와 y가 더해지면 42의 절반이 된다.

그리고 y는 x의 2배이다.

더 이상은 말해 줄 수 없다.

관련 교과	수학 6-2(6. 여러 가지 문제) 중학수학 2(하)(2. 방정식) 중학수학 2(하)(3. 부등식)
관련 개념	예상하고 확인하기, 연립방정식

해설 우이 문제는 모르는 숫자를 문자 x, y로 두었다는 점에서 본격적인 방정식 문제라고 할 수 있습니다. 그리고 문제에서 주는 힌트가 2개이므로 식도 2개 만들 수 있는데, 이렇게 두 식을 모두 만족하는 숫자를 찾아야 하는 방정식 문제를 연립방정식이라고 합니다.

하지만 알렉스는 중학교 2학년이 배우는 연립방정식 풀이법을 쓰지 않고 자신이 생각할 수 있는 한 식을 간단히 한 후 그 식에 숫자를 예상하고 그 숫자가 적합한지 확인하는 전략으로 답을 알아냅니다. 초등학생인 여러분도 그렇게 답을 구할 수 있습니다.

만약 중학생 여러분이라면 $y=2x$이므로 또 다른 식인 $2(x+y)=42$에서 y 대신에 $2x$를 대입하여

$$2(x+2x)=42$$
$$3x=21$$
$$\therefore x=7,\ y=14$$

라는 것을 구하겠지요?

이렇게 1개의 문자를 다른 문자식으로 바꾸어 계산하여 푸는 것을 '**대입법**으로 연립방정식을 풀었다'라고 합니다.

12. 다이얼을 돌리는 순서(본문 129쪽)

알렉스는 깊이 숨을 들이마시고 나서 책 뒤표지의 다이얼을 돌리기 시작했다. 왼쪽으로 두 번 빨리 돌리고 나서 7에서 고정하였다. 그리고 다시 오른쪽으로 7을 지나 14에 멈출 때까지 한 바퀴를 완전히 돌렸다. 이어서 42에 갈 때까지 왼쪽으로 한 번 돌렸다. 한 번의 빠른 당김, 그런데…….

"먹히지가 않아!" 알렉스가 외쳤다.

제이든 구조대는 절망에 빠졌다.

관련 교과	수학 6-1(6. 여러 가지 문제) 중학수학 2(하)(5. 확률)
관련 개념	논리적으로 추론하기, 경우의 수

해설 앞의 문제에서 알아낸 세 수, 즉 7, 14, 42를 어떤 순서로 다이얼에 돌려야 할지 세 친구는 망설입니다. 3개의 숫자밖에 없으므로 모두 6번의 경우를 차례로 빠짐없이 돌리다 보면 딱 맞는 경우와 만나겠지요?

하지만 3개가 아니라 5개의 숫자에게 순서를 주어야 한다면 대체 몇 번의 시도를 각오해야 할까요? 주어진 숫자는 반복하지 않고 한 번씩은 모두 사용할 것이므로 첫 번째에 올 수 있는 경우의 수는 5가지, 두 번째는 첫 번째에 온 수를 제외한 나머지 수에 해당되는 4가지, 세 번째는 이 두 수를 제외한 나머지 수에 해당되는 3가지, 이런 식으로 나온 가짓수를 모두 곱하면 됩니다. 즉 $5\times4\times3\times2\times1=120$(번)입니다.

이런! 단 2개의 숫자가 늘어났을 뿐인데 6번에서 120번으로 크게 늘어났군요. 그동안 알렉스의 아버지가 오셔서 불을 끄시지 않는다면 세 친구는 밤을 꼴딱 새워야만 하겠는 걸요?

13. 다섯 마리의 배고픈 물고기(본문 163쪽)

어느 날, 다섯 마리의 배고픈 물고기가

뭐 먹을 것이 없나 살피면서 헤엄을 치고 있었지.

그들은 새우 한 마리나 두 마리쯤은 잡을 수 있으리라 생각했네.

그 정도면 실컷 먹을 수 있을 거야.

물고기들을 몸무게 순서대로 늘어놓으면

각 물고기는 바로 앞에 있는 물고기 몸무게의 3배였지.

이런 상황은 곧바로 위기 상황을 불러왔네.

배가 너무 고파진 두 번째 물고기가

더 이상 새우를 기다리지 않기로 결정하고는

마치 먹이라도 되는 것처럼

제일 작은 물고기를 꿀꺽 삼켜 버렸다네.

식욕이 동한 중간 물고기도

맛이 톡 쏘는 두 번째 물고기를

게걸스럽게 먹어치웠지.

두 번째로 큰 물고기도

시간을 낭비할 만큼 바보스럽진 않았네.

중간 물고기도 탐욕스럽게 먹히고 말았는데

맛이 기가 막혔지.

하지만 그 녀석의 행복도 거기서 끝이었지.

제일 큰 놈이 와서는

조금도 망설이지 않고

그 두 번째 물고기를 먹어 버렸기 때문이네.

마지막 홀로 남은 그 거대한 놈의 몸무게는 지금 몇 킬로그램일까?

그게 바로 내가 원하는 답이라네.

식사 직전 그 놈의 몸무게는

162kg이었지.

관련 교과	수학 2-2(6. 규칙 찾기) 수학 4-2 규칙과 대응 고등수학 2 수열
관련 개념	규칙 찾기, 논리적으로 추론하기, 등비수열의 합

해설 이 문제는 거꾸로 계산할 수 있는 능력을 필요로 합니다. 작은 물고기보다 다음으로 큰 물고기의 몸무게가 세 배라는 것은 거꾸로 생각하면 큰 물고기에서 바로 직전 작은 물고기의 몸무게는 $\frac{1}{3}$배라는 뜻이 됩니다. 따라서 가장 큰 물고기의 몸무게가 162kg인 사실에서 출발해서 $\frac{1}{3}$을 곱하거나 3으로 나누어 따져 보면 각각의 물고기의 몸무게를 구하게 됩니다. 그런 후 모든 물고기의 몸무게를 합하면 되는데, $2+6+18+54+162$의 값은 242입니다.

그런데 고등학생 언니들은 이런 수들의 합을 등비수열의 합이라고 부릅니다. $2:6=6:18$인 것처럼 모든 앞뒤 수들의 비가 항상 일정한 수들을 등비수열이라고 하구요. 등비수열의 합을 구하는 공식도 배우게 되는데요, 첫 번째 수가 2이고, 비가 3이며 5개의 수들의 합일 땐 다음과 같이 구합니다.

$$\frac{2(3^5-1)}{(3-1)}=3^5-1=243-1=242$$

이러한 방법을 알게 되면 이런 규칙을 가진 100마리의 물고기의 몸무게의 합도 거뜬히 구할 수 있게 된답니다. 이 식에서 5 대신 100만 바꿔 쓰면 되거든요.

14. 춤추는 도깨비들(본문 169쪽)

정각 밤 12시에 두 도깨비 친구가

도깨비춤을 추기 시작한다.

달빛 아래, 나무들 사이에서

도깨비들은 신이 나서 날뛴다.

12시 5분, 이 도깨비들은 떠나고

4마리의 도깨비가 그 자리를 차지한다.

12시 10분, 그 4마리는 떠나야 하고,

8마리가 우아하게 왈츠를 추면서 도착한다.

12시 15분, 6마리가 떠나고

16마리가 무도회에 참가한다.

그들은 마법의 경보음을 주의 깊게 들었고

모든 교대는 매 5분마다 이루어진다.

이 일은 새벽 1시 정각까지 계속된다.

그러니 할 수 있으면 말해 봐라.

새벽 1시에는

몇 마리가 남아서

작별인사를 할 것인가?

관련 교과	수학 2-2(6. 규칙 찾기) 수학 4-2 규칙과 대응 고등수학 2 수열
관련 개념	규칙 찾기, 논리적으로 추론하기, 표만들기, 등차수열, 등비수열

해설 드물게 세 친구들마다 풀이 방법이 다른 경우를 보여 주고 있습니다. 이것은 다시 말해 여러분이 이러한 문제를 풀 때 자칫 실수하기 쉬운 부분을 나타냅니다.

12시 5분이 아니라 12시부터 이미 도깨비들의 춤은 시작된다는 것을 놓치지 마세요. 그러므로 처음에 $60 \div 5 = 12$를 하여 12번의 경우만 생각하면 안 되고 처음 2마리 도깨비의 춤부터 13번을 고려해야 합니다. 따라서 우리 책의 세 친구가 만든 표에서 첫 줄(12:00, 0, 2)이 추가되어야 하지요.

이 문제 역시 규칙을 찾고 문제에서 원하는 계산을 하면 되지만 앞의 문제와 다른 점은 규칙에 두 종류가 있다는 것입니다. 이 때문에 혼란스러울 수도 있는데 샘의 말처럼 떠나는 도깨비는 2씩 더하는 방식으로 늘어나고 도착하는 도깨비는 2를 곱하는 방식으로 늘어납니다.

다시 말해 앞의 것은 **등차수열**이고 뒤의 것은 **등비수열**이 됩니다. 결국 앞의 문제를 통해 배운 등비수열의 합에서 등차수열의 합을 빼는 문제로 생각해 볼 수도 있습니다.

먼저 도착하는 도깨비 수들의 합(등비수열의 합)

첫 번째 수: 2, 비: 2, 수의 개수: 13 이므로

$$\frac{2(2^{13}-1)}{3-1}=16382$$

다음은 떠나는 도깨비 수들의 합(등차수열의 합)

$$\frac{13\{0+0+(13+1)\times2\}}{2}=156$$

따라서, $16382-156=16226$입니다.

하지만 논리적으로 생각해서 표를 만든 후 차근차근 하나씩 더하고 빼서 계산해 보는 것도 여러분에게는 꼭 필요한 과정입니다.

15. 메간의 도둑맞은 쿠키(본문 184쪽)

메간의 식품 창고 선반에는 오트밀 쿠키가 가득 채워져 있었지.

그런데 한밤중에 쿠키 도둑들이 몰래 들어와 실컷 먹어 버렸네.

아, 쿠키 맛이 너무나 고소해!

도둑들은 쿠키 맛에 탄복했고

전체 쿠키의 5분의 1을 급하게 먹어치웠지.

이제 남아 있는 쿠키는 전부 132개였네.

이렇게 사악한 짓을 누가 할 수 있었을까?

메간은 전혀 실마리를 찾을 수 없었어.

그녀는 한 친절한 경찰관에게 연락을 했고

경찰관은 그녀가 무척 낙심해 있는 것을 보았지.

경찰관은 도둑맞기 전에 그녀가 쿠키를 몇 개나 가지고 있었는지 물었네.

그러나 메간은 기억할 수가 없었지.

그래서 우리가 여러분한테 요청하는 바이니

그녀가 대답을 할 수 있도록 도와주길.

아니면 메간은 엉엉 울고 말 것이네.

관련 교과	수학 5-1(6. 분수의 곱셈)
관련 개념	분수

해설 흔히 문제를 풀 때 전체의 내용을 파악하지 않고 문제에 나와 있는 몇 개의 숫자를 적당히 계산해서 답을 구하는 경우가 종종 있습니다. 샘이 바로 그와 같은 오류를 택하고 말지요. 132를 5로 단순히 나눈 것입니다. 하지만 바네사의 말처럼 문제의 맥락을 이해하는 것이 무엇보다 중요합니다.

원래 쿠키의 양을 모르므로 □라고 두면 그 수에 $\frac{4}{5}$를 곱한 값이 132개라고 생각할 수 있습니다. 즉 $\square\times\frac{4}{5}=132$이므로 결국 □를 구하려면,

$\square\times\frac{4}{5}\times\frac{5}{4}=132\times\frac{5}{4}$를 계산해야 합니다.

이것을 풀면 $\square=132\times\frac{5}{4}=165$ 임을 알 수 있습니다.

우리나라 초등학교 단계에서 배운 분수의 곱셈을 할 수 있는 친구들이라면 쉽게 계산할 수 있는 문제랍니다.

16. 사과와 세 마리 꿈틀이(본문 188쪽)

세 마리의 행복한 애벌레가 가장 좋아하는 것은 사과였는데

애벌레들은 사과를 항상 속에서부터 먹었지.

아무리 살충제를 뿌려도 애벌레들에게는 사과 속으로 들어가는 비법이 있었다네.

가장 작은 애벌레는 하루에 10그램의 사과 속을 먹을 수 있었고,

중간 크기의 애벌레는 하루씩 쉬고 나서 30그램을 먹어 치울 수 있었지.

제일 큰 애벌레가 이틀을 쉬고 나면 50그램의 사과 속이 없어졌지.

이런 식으로 새벽부터 황혼까지, 그리고 황혼부터 새벽까지 계속되었다네.

애벌레들이 사는 나무에는 각각 80그램인 사과가 8개 달려 있었지.

내가 궁금한 것은 이 사과들이 이 3마리의 꿈틀이들 속에서

얼마나 오래 버틸 수 있는가 하는 거야.

그리고 나는 이 친구들이 같은 날부터 사과 속을 먹기 시작했다고 덧붙이는 바이지. 왜냐 하면 그들은 배가 고팠고 달리 할 일도 없었기 때문에…….

관련 교과	수학 6-2(6. 여러 가지 문제)
관련 개념	규칙 찾기, 문제 해결, 표 만들기, 예상하고 확인하기

해설 이 문제는 전체의 글을 잘 읽고 규칙을 찾아 표를 그려 해결하는 능력을 필요로 합니다. 세 마리의 애벌레가 사과를 먹는 방식이 다르기 때문이죠.

먼저, 나무에는 80g의 사과가 8개 달려 있으므로 애벌레들이 먹을 수 있는 사과의 총량이 640g입니다. 그러므로 바네사가 만든 표처럼 규칙에 맞게 일일이 세로줄을 더하면서 동시에 각각의 애벌레들이 같은 날까지 먹은 양을 합해 나가야 합니다. 그러면 640g이 되는 날이 15일째임을 알 수 있답니다.

17. 사마귀의 사냥(본문 200쪽)

한 마리의 명랑하고 맛좋은 뛰뛰기 곤충이 산책을 나왔네.

그러다 배고픈 사마귀 한 마리와 딱 마주쳤지.

뛰뛰기 곤충은 잽싸게 도망쳤어. 화가 나서 헐떡이며 뛰었지.

뛰뛰기 곤충의 속력은 따라잡기 힘들 정도로 빨랐어.

정확히 1초에 100센티미터! 얼마나 빨라!

하지만 사냥꾼의 속력도 장난이 아니었지.

1분에 30미터를 간다면 상당히 위협적인 속력이니까.

기도하라, 나를 불안하게 하지 말고. 그리고 애원하노니 제발 말해 다오.

마지막까지도 이 사마귀가 여전히 배가 고팠다면,

그들 사이에 속력의 차이는 얼마인가?

덧붙여

네가 원한다면 초당 센티미터로 답해도 좋아.

사냥 잘하길, 젊은이.

관련 교과	수학 3-1(5. 길이와 시간)
관련 개념	속력, 단위환산

해설 이 문제는 속력의 단위를 알면 쉽게 해결할 수 있습니다. 속력은 시간당 이동한 거리를 말하는데, 흔히 3가지 단위가 사용됩니다. cm/초, m/분, km/시가 그것입니다. 하지만 상황에

따라서는 시간의 단위가 변환되거나 거리의 단위가 변환될 수 있습니다.

이 문제에서도 두 곤충의 속력 단위가 달라 그냥 뺄셈을 할 수가 없습니다. 그래서 서로 단위를 맞춰 주어야 합니다. 그래서 사마귀의 속력 단위를 뛰뛰기 곤충의 단위와 같도록 맞추었네요. 또한 단위를 맞추어 주려면 60초가 1분과 같다는 점, 100cm가 1m와 같다는 점을 알고 비례식으로 풀거나 곱셈을 바로 이용하면 됩니다.

18. 외눈박이와 여동생의 나이(본문 204쪽)

나에게는 여동생이 하나 있는데 그녀의 나이는 84살이야.

몹시 유감스럽게도 나는 최근에 90세를 넘겼어.

내가 훨씬 더 어렸을 때, 내 나이는 여동생 나이의 3배였지.

그 무렵 나는 몇 살이었을까?

가서 알아봐라. 그러면 나처럼 현명한 사람이 될 것이니.

관련 교과	수학 6-2(6. 여러 가지 문제) 중학수학 2(하)(2.방정식)
관련 개념	예상하고 확인하기, 연립방정식

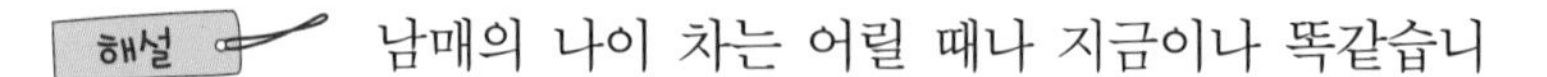

남매의 나이 차는 어릴 때나 지금이나 똑같습니

다. 외눈박이와 여동생은 현재 6살 차이가 나므로 어릴 때도 마찬가지이겠죠? 그리고 어릴 때 외눈박이의 나이가 여동생 나이의 세 배였을 무렵에도 그 차이는 같습니다. 즉 차이가 6이 나면서 한쪽이 다른 쪽의 세 배가 되는 수를 찾아야 합니다. 알렉스는 마법 연필이 가르쳐줬던 방법을 기억하면서 모르는 숫자를 문자인 x, y로 두기 시작합니다. 이것은 중학생이 되면 자연스럽게 우리들도 수학에서 사용하는 대수적인 방법입니다.

이제 그 문자들을 사용해서 식을 만들 수 있지요. $6+x=y$, $3x=y$ 이렇게 문자를 사용하여 등호가 들어간 식을 만들면 방정식이 됩니다. 그리고 이 두 개의 방정식을 동시에 만족하는 경우에는 **연립방정식**이라고 하지요.

알렉스는 이 식을 만족하는 숫자를 예상해서 확인하는 방법으로 구하고 있습니다. 여러분은 알렉스와 같이 구하면 됩니다. 하지만 늘 이런 방법으로 답을 찾을 수만은 없습니다. 그래서 중학생이 되면 가감법이나 대입법이라는 간편한 방법을 배우게 됩니다. 대입법의 예를 들어 풀어 보면 $3x$가 y와 같다고 했으므로, 또 다른 식의 y 대신에 $3x$를 넣어도 좋다는 뜻이 됩니다.

그러면 $6+x=3x$

$$6=2x$$

$$\therefore x=3$$

따라서 y 는 세 배를 해야 하므로 9인 것을 알 수 있지요.

외눈박이는 9살, 여동생은 3살이네요.

19. 영화관의 의자(본문 207쪽)

커다란 강당에 300개의 의자가 있지.

한 줄에 같은 개수의 의자가 놓여 있어.

강당에서는 아이들을 위한

재미있는 영화 한 편이 상영될 예정이야.

240명의 아이들이 강당에 들어선다면

몇몇 줄은 완전히 비게 돼.

그렇다면 아이들이 앉지 않은 줄은

모두 몇 줄이 될까?

잘 생각한 후에 대답하길.

빈 줄 하나에 놓인 의자 수의 반을

4로 곱한 것은

비어 있는 모든 의자의 수와 같지.

내가 줄 수 있는 힌트는 이게 끝이야.

아참! 한 가지가 더 있는데,

그 스크린이 바로 너의 모든 근심이 끝나는 곳이야.

그러니 잘 보고 절망하지 말라.

내 친구여, 네가 그 안개를 보았을 때,

너는 비로소 너의 모든 근심이 사라졌음을 깨닫게 될 것이다.

관련 교과	수학 3-2(1.곱셈, 2.나눗셈)
관련 개념	역연산

해설 모든 것의 열쇠는 마지막 줄인 "빈 줄 하나에 놓인 의자 수의 반을 4로 곱한 것은 비어 있는 모든 의자 수와 같다"를 식으로 만들 수 있으면 쉽게 해결됩니다.

그런데 여기서도 수수께끼가 원하는 답인 빈 줄의 개수를 x라는 문자로 놓고 식으로 만듭니다. 그런 후 알렉스와 같이 연산을 거꾸로 하면서 x를 알아내면 되는데 이렇게 생각해 볼 수도 있습니다.

$$(x \div 2) \times 4 = 60$$

$$(x \div 2) \times 4 \times \frac{1}{4} = 60 \times \frac{1}{4}$$

$$x \div 2 = 15$$

$$x \div 2 \times 2 = 15 \times 2$$

$$x = 30$$

이렇게 등식의 성질을 사용해서 문자의 답을 알아가는 과정은 중학교 1학년 과정에서 배울 수 있습니다.

20. 마법의 단어와 16709(본문 210쪽)

물고기 수수께끼	242
춤추는 도깨비들	16,226
쿠키들	165
사과를 다 먹는 데 걸린 날들	15
초당 센티미터	50
나이	9
비어 있는 줄	2
합계	16,709

관련 교과	이산수학
관련 개념	암호

해설 숫자와 영어의 철자법을 연결해 나타낸 것은 일종의 암호라고 볼 수 있습니다. 암호의 방식은 여러 가지가 있지만 이 책에 나오는 방식과 비슷한 시저의 암호 체계를 소개합니다.

로마의 유명한 군인이자 정치가였고 제왕절개로 태어난 것으로도 유명한 율리우스 카이사르Julius Caesar, BC100~44는 암호를 아주 유용하게 다루었다고 합니다. 2세기경에 세토니우스가 《카이사르의 생애》라는 책을 썼는데 그 가운데 다음과 같은 글이 있습니다.

카이사르가 키케로나 친지들에게 비밀리에 편지를 보내고자 할 때 사용한 암호가 있다. 카이사르는 다른 사람들이 알아보지 못하도록 문자들을 다른 문자들로 치환하였다. 다른 사람이 암호를 풀어 내용을 파악하려면 각 문자 대신 알파벳 순서로 보았을 때 그 문자부터 시작하여 네 번째 앞에 오는 문자로, 즉 예를 들어 D는 A로 바꾸어야 했다.

카이사르가 사용한 이 암호법을 **카이사르 암호**(더하기암호)라고 합니다. 카이사르 암호의 대응 규칙을 표로 그려 보면 다음과 같습니다. 즉 모든 알파벳의 순서를 3칸씩 앞당겨 배열하고 그것에 맞게 글자를 쓰면 됩니다.

평문	a	b	c	d	e	f	g	h	i	j	k	l	m	n	o	p	q	r	s	t	u	v	w	x	y	z
암호문	D	E	F	G	H	I	J	K	L	M	N	O	P	Q	R	S	T	U	V	W	X	Y	Z	A	B	C

예를 들어

You are ALEX.

를 이 표를 이용해 암호문을 만든다면 다음과 같이 바뀌게 되겠지요?

BRX FDQ DOHA.

이런 정도의 규칙을 가진 암호라면 여러분도 충분히 만들 수 있답니다.

마법 연필과 같은 수학책 읽기

우리 사람들이 까마귀 세 마리와 사과 세 개 사이에 3이라는 공통의 의미를 발견하기까지는 사실 꽤 많은 시간이 필요했습니다. 그것과 마찬가지로 '2+3은 5'라고 큰 소리로 대답할 수 있는 친구도 다음과 같은 문제를 풀 때는 한참 뜸을 들이게 되지요.

'형에게 사탕이 2개 있고, 동생에게 사탕이 3개 있다면 형제에게는 사탕이 모두 몇 개 있나요?'

문제를 읽다보면 사탕이 먹고 싶어 침을 꼴깍 삼키게 되고 그러다가 '어, 내가 지금 뭘 계산해야 되지?'라는 생각으로 다시 돌아옵니다. 그래도 문제의 답을 구한 친구들은 다행입니다. 하지만 대체 사탕 2개와 3개를 어떻게 하라는 건지 알 수 없어 고개만 절레절레 흔들게 되는 친구들은 그 뒤로 이렇게 문장으로 된 문제를 만나게 되면 지레 겁부터 먹게 되지요.

이런 친구들에게 저절로 수학문제를 다 풀어버리는 마법 연필이 굴러들어온다면 얼마나 신날까요?

그런데 이 친구들과 같이 수학문제만 보면 가슴이 두근두근 거리는 알렉스에게 바로 그 신비한 마법연필이 생깁니다. 하지만 행복한 시간은 금새 달아나버리고 스스로 문제를 풀지 못 한다면 제이든 여왕은 물론이고 자신과 두 친구까지 위험에 빠지게 되는 상황을 맞게 됩니다.

알렉스와 두 친구는 온 정신을 집중하고 시와 같이 씌여진 문제가 무슨 말인지 알아내기 위해 서로의 의견을 묻고 문제를 해결하기 위해 표를 그리거나 일일이 숫자를 넣어 확인해 보기도 합니다.

이 문제들을 해결하는데 있어서 알렉스는 수학 공식을 전혀 사용하지 않습니다. 오히려 초등학교 과정을 넘어서는 내용을 만날 때조차 자신의 수준에서 할 수 있는 온갖 유치한 방법을 다 동원합니다. 여러분이 보기에는 답답할 정도로 선행 학습이 안 되어 있는 건지도 모르겠습니다. 물론 이 책의 알렉스는 학원도 다니지 않고 학교 수학성적 역시 그리 좋은 편이 아닌 친구였으니까요.

하지만, 그런 알렉스에게 우린 배울 것이 많습니다.

먼저 알렉스는 당장 풀지 못한 문제라도 포기하지 않습니다.

그 다음 날까지라도 곰곰이 생각해 보고 다 풀 때까지 생각의 끈을 놓지 않습니다.

우리 친구들 중엔 문제를 보자마자 답을 줄줄 쓰지 못 하면 금방 답지를 보거나 엄마에게 풀어달라고 하는 친구들이 있을 겁니다. 하지만 그렇게 알아낸 것은 절대 여러분의 실력이라고 할 수 없습니다. 그런 친구들은 아마 레크너 감옥의 400개방 중 단 한 개도 통과할 수 없을 테니까요.

둘째, 알렉스는 이건 내가 배우지 않은 거야, 이런 문제는 처음 보는 거니까 풀 수 없어,라는 말로 자신의 용기를 꺾지 않습니다.

여러분도 새로운 문제를 대할 때 겁부터 먹을 것이 아니라 차근차근 읽어보고 생각해 본다면 어디에 실마리가 있는지 잘 찾아낼 수 있답니다.

셋째, 알렉스는 매일 문제 10개씩 풀기로 한 자신의 계획을 반드시 지킵니다.

여러분은 어떤가요? 수학은 조금씩이라도 매일 한다면 그것만큼 좋은 공부 방법이 없습니다. 도전해 보지도 않고 끝까지 실천해 보지도 않고 투덜거리고 있지는 않은가요?

그렇게 꾸준히 몇 달을 보낸 알렉스는 이제 마법 연필 없이도 겁먹지 않고 수학 문제를 거뜬히 풀어내는 수학의 달인이 됩니다. 그것은 수학공식을 더 많이 알게 되어서도 아니고 새로운 마법 연필을 가지게 되어서도 아닙니다.

바로 스스로 문제를 읽고 해석하는 능력, 상황에 맞게 계산방법을 선택하는 능력, 자신이 푼 것이 맞는지 확인하는 능력 이 3박자가 고루 갖추어졌기 때문입니다.

자, 이제 여러분도 드디어 마법 연필을 가지게 되었습니다. 어디 있냐구요? 바로 이 책입니다. 이 책을 읽다보면 저절로 딱딱한 수학 문제는 잊어버리고 그 속에서 알렉스, 샘, 바네사가 되어 20개의 새로운 수학 문제를 만나고 해결하게 됩니다. 그리고 세 친구들처럼 어느새 수학과 친해지게 되지요.

그럼 이제 마법 연필같은 수학책을 읽는 법을 알려 드릴께요.

이 책을 읽다보면 지하감옥의 보초들이 내는 수학문제들을 만나게 됩니다. 보통은 그 다음 페이지에서 세 친구들이 문제를 풀어줍니다.

하지만, 책장을 넘기기 전에 여러분이 먼저 문제를 풀어 보세요. 그리고 세 친구가 푼 방법과 비교해 보세요. 물론 다른 점이 많겠지만 다른 사람의 풀이방법과 자신의 것을 비교해서 장점과 단점을 찾아보는 것도 아주 좋은 공부입니다.

다음은 책 뒤에 부록을 펴 봅니다. 거기에는 각 문제가 우리나라 교육과정의 어떤 단원과 관련이 있는지, 상급학교에 진학하게 되면 어떤 내용으로 연결이 되는지 살펴볼 수 있습니다.

덧붙여 책 속에서 조금 어려웠던 수학 용어들의 설명도 만날 수 있습니다.

그런 다음 지하감옥으로 또다시 문제를 만나러 가시면 됩니다.

이 책은 주로 대수에 관련된 문장제 문제가 많이 나와 있으므로 이렇게 책을 읽다보면 자신도 모르는 사이에 수학 문제를 읽는 힘이 쑥쑥 자라 있음을 느끼게 됩니다. 그리고 이것은 곧 학교에서 두렵게만 느껴지던 문장제 문제를 자신 있게 풀게 하는 마법 연필을 가진 것과 같은 경험을 하게 될 것입니다.

한국의 알렉스와 샘 그리고 바네사들에게 응원의 박수를 보내며……

배수경